S.SCHMIDT

Sabine Reeh Traumhäuser³

Bauherren verwirklichen ihr perfektes Energiesparhaus

Inhalt
Einleitung

Die schönsten Träume sind die, die wahr werden

Ameise und Eisbär Der Mensch steht irgendwo zwischen Ameise und Eisbär: Das dicht gedrängte Zusammenleben in einem Bau erträgt er in der Regel genauso wenig wie nomadisches Einzelgängertum. Am liebsten ist ihm ein Gebäude, in dem er mit Partner, Familie oder Freunden sicher und komfortabel wohnen kann. Der Traum vom eigenen Haus scheint eine anthropologische Konstante zu sein. Allerdings nähert sich der Mensch – nicht zuletzt in Ermangelung eines dichten Eisbärenfells – neuerdings baulich den Ameisen an. Sie haben längst gelernt, ihre Nester energieeffizient zu bauen, nach der Sonne auszurichten, optimal zu isolieren und zu belüften. Und sie kommen völlig ohne fossile Brennstoffe aus.

Sonne und Mond »Wie war es möglich«, werden uns unsere Enkel fragen, »dass ihr zwar in der Lage wart, zum Mond zu fliegen, nicht aber, eure Gebäude ohne umweltschädlichen CO_2-Ausstoß zu heizen?« Zum Glück wird diese Frage dann wohl von nur historischem Interesse sein, denn bald wird es, setzt sich der Trend fort, vorwiegend umweltfreundliche, komplett mit regenerativen Energien versorgte Gebäude geben. Und vielleicht werden wir dann mit der Energie der Sonne zum Mond fliegen.

Impressionen von den Dreharbeiten zur Architekturfilmreihe »Traumhäuser« des Bayerischen Fernsehens. Der gesamte Bauprozess wurde mit der Kamera begleitet. Das Abenteuer Bauen bietet viele Geschichten – perfekter Stoff für spannende Filme. Dabei geht es nicht nur um *action*. Auch die Träume und Hoffnungen der Bauherren spielen eine wichtige Rolle.

Jute und Plastik Die Architekturfilmreihe »Traumhäuser« des Bayerischen Fernsehens und dieses Begleitbuch greifen diese Entwicklung mit der inzwischen dritten Staffel auf und zeigen neue energieeffiziente und nachhaltige Einfamilienhäuser. Der Trend zum ökologischen Bauen geht immer mehr mit dem wachsenden Bewusstsein für anspruchsvolle Gestaltung einher. Ökohäuser sehen nicht mehr zwingend aus wie gebaute Schafwollpullis. Moderne, umweltbewusste Bauherren wollen weder Jute noch Plastik, sondern natürliche, langlebige Materialien, optimale Energieeffizienz und eine Architektur, die nicht nur ökologisch, sondern auch ästhetisch nachhaltig ist. Die »Traumhäuser« illustrieren die individuellen Vorstellungen und Bedürfnisse der Bauherren, sie stehen für verschiedene Formen ökologischen Bauens und zeigen ganz unterschiedliche Aspekte von Nachhaltigkeit auf.

Raum und Gefühl Wie sich Räume anfühlen, welche Atmosphäre, welche Stimmungen sie erzeugen, welche Ausblicke sie gewähren, ob sie hell, groß und lichtdurchflutet sind oder gemütlich und zurückgezogen oder beides: hohe Wohnqualität gehört auch zur Nachhaltigkeit eines Hauses. Ist es gut schallisoliert und optimal durchlüftet, lassen sich Raumtemperatur und Luftfeuchtigkeit leicht regulieren, passt es in die Landschaft, zur gebauten Umgebung, in die Baukultur der Region? Nicht zuletzt ist wichtig: Bringt es das Lebensgefühl seiner Bewohner zum Ausdruck? Ist es ihr persönliches Rundum-Wohlfühlhaus geworden?

Traum und Alptraum »I have a dream«. Die Anti-Rassismus-Rede Martin Luther Kings ist zu einer Legende geworden. »Das wäre sicher nicht so«, schrieb kürzlich ein amerikanischer Kommentator, »hätte er die Rede mit ›I have a nightmare‹ begonnen« und erklärt damit auch den großen internationalen Erfolg Al Gores als Umweltschutz-Apostel: »Er hat eine positive Botschaft, zeigt Chancen auf, begeistert, reißt mit, statt Probleme zu beschreiben und im Negativen zu verharren.« In diesem Sinne will auch die Reihe »Traumhäuser« Lösungen vorstellen, informieren, anregen, inspirieren, Zuschauer und Leser ermutigen, ihren ganz persönlichen Traum vom eigenen Haus wahr werden zu lassen – und das möglichst nachhaltig, energieeffizient und umweltfreundlich.

Algebra der Chancen Auch diese Zahlen sollten nicht nur als Mahnung, sondern vor allem als Aufzeigen der Möglichkeiten verstanden werden: Gebäude haben einen Anteil von 41 Prozent am gesamten Primärenergiebedarf in Deutschland, ihr jährlicher CO_2-Ausstoß beträgt weltweit 8 Giga-Tonnen, 62 Prozent dieser Schadstoffemissionen werden von privaten Einfamilienhäusern und Wohnblocks verursacht. Das heißt im Umkehrschluss und in der Rhetorik Martin Luther Kings: Architektur kann helfen, die Welt zu retten.

Öko ist sexy

Viele Bauherren von Öko-Häusern wollen zwar auch gerne die Welt retten. Nicht zuletzt wollen sie jedoch etwas für sich tun und für ihren Geldbeutel – und sie wollen Freude haben an ihrem neuen Zuhause und sich darin wohlfühlen. Zum Glück schließt das eine das andere nicht aus. »Natürliches Wohnen muss Spaß machen«, meint der Architekt Werner Sobek. Die »magere, ärmliche Entsagungsästhetik« der Öko-Architektur der frühen Jahre findet er furchtbar: »Schrecklich, dieses Erleiden, damit die Umwelt lebt!«. Mit Leid und Verzicht – das hat auch Al Gore verstanden – reißt man niemanden mit. Ökologisch zu leben kann Spaß machen und schön sein. »Al Gore has made environmentalism sexy«, erklärten amerikanische Zeitungen begeistert. Arnold Schwarzenegger sagt es so: »We need to make the environment cool and sexy.« Und Barack Obama verstieg sich sogar zu der Behauptung »Insulation (Dämmung) is sexy«.

Home Story mit Happy End

Eins steht fest: Gute Ideen sind sexy, erfolgreiche Lösungen auch. Beides bieten die neuen »Traumhäuser« und dazu jede Menge packende Geschichten, interessante Menschen und spannende Bauabenteuer. Die Kamerateams des Bayerischen Fernsehens waren von Anfang an auf den Baustellen dabei und haben die Entstehungsprozesse der Häuser dokumentiert. Das Hoffen und Bangen der Beteiligten, die unzähligen Detailentscheidungen, die Vorfreude, aber auch Ärger und Komplikationen. Am Ende sind zehn Bauherrenmärchen entstanden, in Filmen und in diesem Buch – *Home Storys* im wahrsten Sinn des Wortes – und wie jedes richtige Märchen haben auch sie alle ein Happy End.

Sabine Reeh ist leitende Redakteurin beim Bayerischen Rundfunk und verantwortlich für die Architekturfilmreihe »Traumhäuser«, für die sie 2009 den Bayerischen Architekturpreis erhielt.
Mehr Informationen zur Sendereihe: www.br-online.de/traumhaeuser

»Spannend sollte es werden, konsequent, lichtbetont, elegant, nicht zu teuer und ökologisch: Unser neues Haus. Dass es am Ende all dies wurde und gar: ein Traumhaus, lag nicht an den Bauträgern, die uns ihre mediokren Schablonenhäuser schmackhaft machen wollten. Nicht an den vielen Bedenkenträgern, die uns vor den Unwägbarkeiten eines Architektenhauses warnten. Sondern: An den Architekten, guten Handwerkern und einem gerüttelt Maß an eigenem Einsatz.«

Ein Einfamilienhaus in sehr guter Lage hatten sie schon, die Grafikdesignerin und der Texter und Autor aus Pullach bei München. Allerdings stammte es aus den sechziger Jahren des letzten Jahrhunderts und entsprach weder energetisch noch bezüglich Raumaufteilung und Gestaltung den Ansprüchen der Familie mit zwei fast erwachsenen Kindern. Eine Sanierung wäre zu teuer und aufwändig geworden und so entschlossen sie sich für den Abriss. Immerhin konnten sie den bestehenden Keller als Fundament für das neue Haus nutzen und so erhebliche Kosten sparen. Der Neuanfang bot die Chance, jedes Detail exakt nach eigenen Wünschen gestalten sowie die neueste Energietechnik verwenden zu können. Dafür suchten die Bauherren ein Architekturbüro, das diesen offenen Planungsprozess professionell begleiten konnte. Ihre Wahl fiel auf SoHo Architektur aus Memmingen. **》** Wir wollten uns auf der Handwerksmesse in München über das Thema ›ökologisches Bauen‹ informieren«, so der Bauherr, »doch leider befanden sich unter den dort vorgestellten Häusern fast nur laut ›jodelnde‹ Exemplare. Nur ein einziges Haus war ökologisch, nachhaltig und ästhetisch ansprechend. Wir haben den Namen des Architekturbüros herausgefunden und dort dann einfach angerufen. Obwohl die SoHo-Architekten in Memmingen sitzen, also doch ein Stück weit weg, wollten wir unser Öko-Traumhaus unbedingt mit ihnen bauen.«

Blick vom Vorgarten auf die Bibliothek: Die kreisrunden Ausschnitte der korrodierten Stahlwand gewähren interessante Einsichten in den Hof.

Der geschützte Hof zwischen Bibliothek und Haupthaus wird im Sommer zum zusätzlichen Wohnraum.

Traumhaus als joint venture »Wir haben uns sehr viel Zeit genommen, uns zu informieren und mit jedem Detail zu beschäftigen, denn schließlich wollen wir noch 40, vielleicht sogar 50 Jahre in diesem Haus wohnen. Da soll einfach alles stimmen«, erklärt der Bauherr. Den Architekten gefiel, dass die Bauherren sich so intensiv mit gestalterischen Fragen auseinandergesetzt hatten. »Sie hatten ganz genaue Vorstellungen und waren hervorragend vorinformiert – optimale Bauherren für ein Projekt, mit dem wir auch selbst einen Schritt vorankommen wollten«, sagt Architektin Anja Spillner. **❱❱ Es war ein gemeinschaftlicher Entwicklungsprozess und für beide Seiten bereichernd.«** Bauen heißt, tausend kleine und große Entscheidungen zu treffen. Man muss wissen, was man will und was einem gefällt. Und das möglichst schon in der Frühphase des Planungsprozesses. Später sind viele Entscheidungen irreversibel oder können nur durch erhebliche Mehrkosten revidiert werden. Viele Bauherren unterschätzen das.

Innen und Außen wachsen zusammen Statt eines klassischen Einfamilienhauses mit Garten entwarfen die Architekten ein Ensemble aus miteinander korrespondierenden Innen- und Außenräumen: Zwei unterschiedliche Gebäudekörper definieren zwei Außenbereiche mit Hofcharakter. Das zweigeschossige Wohngebäude mit Satteldach umfasst ein loftartiges, fast völlig offenes Erdgeschoss mit großzügigen Glasfronten auf drei Seiten sowie eine obere Etage, in der sich Schlafzimmer und

Ein Haus aus zwei Bauten
Wohnen ohne Grenzen

Bäder befinden. Dem Wohnhaus ist ein eingeschossiges L-förmiges Gebäude mit Flachdach gegenübergestellt. Hier ist die umfassende Bibliothek der Bauherren untergebracht. Der lange Schenkel des nur 25 Quadratmeter Nutzraum umfassenden Betonbaus ist auf der Nordseite zu zwei Dritteln verglast und stellt so einen Bezug zur Glasfront des Koch-, Ess- und Wohnbereichs des Haupthauses her. Durch die großen parallelen Glasflächen entsteht ein Raumkontinuum, das sich fast übergangslos von der Rückwand des Wohnbereichs durch den Hof bis zur Bücherwand des Ateliergebäudes erstreckt und eine beeindruckende Weite entstehen lässt.

Qualitätvolle Außenräume statt umlaufendem Garten

Eine 2 Meter hohe, freistehende Außenwand aus Stahlplatten bildet eine Klammer zwischen Haupt- und Nebengebäude und grenzt den 60 Quadratmeter großen Hof gleichzeitig zu Vorgarten und Straße hin ab. Um der Stahlwand die Strenge zu nehmen, haben sich die

Der Stoff, aus dem die Träume sind

»So ein Mund gedengeltes, individuelles Haus hat eine lange Entstehungsgeschichte. Sie hat viel mit Neugierde zu tun. Einem ökologisch schlechten Gewissen. Mit Kunst. Museumsbesuchen. Materialbegeisterung. Reisen. Büchern. Und der Absicht, dies alles in sich einsickern zu lassen. Wenn es schließlich ans Bauen geht, dann kommt dies alles zum Tragen. Irgendwie. Eine schöne Geschichte.«
Die Bauherren

Bauherren zwei kreisrunde Öffnungen gewünscht. Diese können mit genau eingepassten, drehbaren Stahlscheiben vollständig geöffnet oder geschlossen werden. Nach Westen, zum Garten hin, ist der Hof lediglich durch einen kleinen Höhenversprung von 80 Zentimetern abgegrenzt. Vier locker platzierte Granitsteine fungieren als Stufenersatz. Offen und doch klar definiert und vor unerwünschten Einblicken geschützt, bietet dieser sorgfältig gestaltete Außenraum nicht nur eine hohe Aufenthaltsqualität, sondern erweitert und verbindet Wohnbereich und Bibliothek zu einem weitläufigen Areal. Die einzige Konzession an die Pflanzenwelt stellt der zentral platzierte Essigbaum dar, ein klassischer Hofbaum, der in einigen Jahren auch Schattenspender sein wird. »Wir haben diesen Baum ganz bewusst gewählt«, sagt der

Glas, Holz, Travertin und Akzente aus Metall: Der klar strukturierte und auf wenige Materialien reduzierte Hof ist ein attraktiver Rückzugsraum.

Ein Haus aus zwei Bauten
Wohnen ohne Grenzen

Im lichten, offenen Koch- und Essbereich dominiert die Farbe Weiß.

Ein Hauch von Fernost in Pullach: Der minimalistische Meditationsraum im Freien ist von japanischen Zengärten inspiriert.

Bauherr, »weil er nicht übermäßig belaubt und die Aststruktur gut wahrnehmbar ist. Dadurch erhält er eine grafische Note, was wiederum gut in den klar strukturierten Hof passt.« Diese Sensibilität für Details zeichnet die Bauherren aus. »Sie hatten sich sogar über das Schalbild der Sichtbetonwand im Wohnzimmer Gedanken gemacht«, sagt die Architektin beeindruckt. »Mit solchen Bauherren kann man etwas ganz Besonderes schaffen«.

Zen-Zitate Ein weiterer ungewöhnlicher Außenbereich ist auf der Südseite der Bibliothek entstanden, wo eine freistehende Mauer aus Stahlbeton den L-förmigen Baukörper rektangulär erweitert. Das winzige ummauerte Areal zeigt, dass auch auf

kleinster Fläche (19 Quadratmeter) hohe Raumqualität entstehen kann. Der mit rötlichbraunen Porphyrplatten ausgelegte und mit Stern-Moos bewachsene Garten hat – darauf legt der Bauherr Wert – zwar eine starke japanische Anmutung, ist aber keine Kopie eines klassischen Zen-Gartens. Nicht die stilgetreue Nachahmung, sondern die individuelle, den Gegebenheiten angepasste Interpretation macht den besonderen Charakter dieses Steingartens aus. Den einzigen Akzent in der minimalistischen Gartenlandschaft setzt ein großer alpenländischer Quarzit. Meditative Ruhe und Abgeschiedenheit nur wenige Meter von einer befahrenen Straße entfernt – das ist nur mit Mut zur radikalen Gestaltung machbar.

Trutzig und filigran – die Straßenfront Konsequent gestaltet ist auch die Straßenfassade des Hauses. Die fast vollständige Schließung, die dunkle Holzverkleidung und der Verzicht auf Dachüberstände verleihen dem Baukörper eine fast

Die geschlossene Holzfassade öffnet sich im Erdgeschoss großzügig zu Hof und Garten und lässt den monolithischen Baukörper schweben.

Die Straßenfassade wirkt verschlossen, da die Stahlwand die große Glasfront auf der Ostseite des Erdgeschosses verdeckt. Der ungewöhnliche Zaun aus Eisenstäben konterkariert diese Strenge ganz bewusst.

monolithische Präsenz und setzen ihn deutlich von der gebauten Umgebung ab. Die radikale Reduktion der Form bringt die einzige Öffnung, die von der Straße aus sichtbar ist (die raumhohe Glasfront des Küchenbereichs verschwindet fast ganz hinter der Stahlwand) umso mehr zur Geltung: ein schmaler, fast 5 Meter hoher, 70 Zentimeter tiefer und leicht nach Süden angeschrägter Einschnitt, der den Eingangsbereich definiert. Er erstreckt sich bis ins Obergeschoss und holt Licht in Flur und Treppenbereich. Die Strenge dieser Straßenfront wird ganz bewusst durch den verspielten Zaun aus gebogenen, unregelmäßig hohen Eisenstäben abgemildert. In lockerer Folge nebeneinander gesetzt, wirken sie durchlässig und leicht. Materiell nehmen sie Bezug auf die rostige Stahlwand – auch sie werden im Laufe der Jahre eine Patina ansetzen und »in Harmonie mit der Stahlwand altern«, wie es der Bauherr nennt. Den Materialien Spielraum für natürliche Veränderungen zu lassen, anstatt sie gewaltsam zu konservieren – das gehört zum ästhetischen Credo der Bauherren.

Das große, vertikale Fenster und die Galerie mit Luftraum machen den Flur im Obergeschoss offen und luftig.

Das Dachflächenfenster holt dank geschickter Lichtführung Helligkeit in Flur, Bad und Ankleide.

Ein Haus aus zwei Bauten
Wohnen ohne Grenzen

Der eigenwillige Charme rostigen Stahls und die Magie des Kreises

Die Einheitlichkeit von Formen und Materialien gehört genauso zum Repertoire guter Gestaltung wie das spannungsreiche Spiel mit Kontrasten. Das Anwesen mit seinen verschiedenen Bauten und Außenbereichen wächst nicht zuletzt durch materielle und formale Referenzen zu einer ästhetischen Einheit zusammen. So verbindet der helle Naturstein-Bodenbelag aus römischem Travertin Haupthaus, Hofbereich und Bibliothek, tritt im Obergeschoss wieder in den Bädern in Erscheinung und dient als Material für den Steintisch im Hof.

Aus korrodiertem Stahl sind nicht nur die den Hof zu Vorgarten und Straße hin begrenzende Wand und die große Stehlampe, sondern auch der Würfel im hinteren Garten, den die Bauherren »Pizza-Kaaba« nennen. Ausgestattet mit einem großen Ofen fungiert er im Sommer als externe Küche. Vor Stahl und Stein spielt jedoch Holz die wichtigste Rolle in der Symphonie der Materialien. Neben der Fassade aus dunkler, sägerauer Fichte außen und der meisterhaft gearbeiteten Treppe aus Eiche innen kommt der Walnuss eine Brückenfunktion zwischen innen und außen zu. Das Holz des Walnussbaums im Garten korrespondiert mit dem Walnussholz fast

Lockert die Straßenfassade auf und öffnet Treppenhaus und Flur: Das ungewöhnlich tief eingeschnittene hohe Fenster.

Gemütlichkeit mit Sichtbetonwand und Steinboden: Das Holz der Möbel verbreitet Wärme, das einheitliche, zurückgenommene Farbkonzept schafft Harmonie. So wirkt der nach drei Seiten offene Wohnbereich trotz seiner Nüchternheit behaglich.

sämtlicher Möbel im Innenbereich. Auch das noch nicht realisierte große Holzdeck vor dem Wohnbereich soll in Nussbaum ausgeführt werden. Die geometrische Form des Kreises wiederum findet sich sowohl in der Stahlwand als auch in der Stehlampe im Hof mit ihrem filigranen Kugelgeflecht aus Stahl sowie den drei Hängelampen über dem Esstisch.

Stilles Örtchen mit Himmelsblick

Der hohe gestalterische Anspruch dieser Bauherren macht selbst vor einem meist vernachlässigten Raum nicht Halt: dem Gäste-WC. Diesem wurde zwar nur ein winziger Quadratmeter Grundfläche eingeräumt, trotzdem entfaltet es eine spektakuläre Wirkung. Der Reiz liegt in der Vertikalen: Bis zum Dachfirst, ganze 6 Meter hoch, streckt sich der Raum, verjüngt sich

Travertin auch im Elternbad. Tageslicht erhält der Raum durch das Dachflächenfenster und ein deckenbündiges Glasband.

Auch nach Osten vollständig geöffnet: Der Kochbereich mit dem großen Arbeitsblock und der Schrankwand aus Walnussholz.

Kontrapunkt im Raumprogramm: Das vergleichsweise kleine Schlafzimmer ist ein geschützter Rückzugsort.

leicht nach oben und mündet in einem Dachflächenfenster. Dieses kommt durch die dunkelgrüne Farbe der Wände dramatisch zur Geltung und verleiht dem stillen Örtchen etwas Entrücktes, fast Sakrales. Auch im Obergeschoss setzen ungewöhnliche Öffnungen Akzente. Das Oberlicht zwischen dem Schlafbereich der Eltern und der Ankleide wirkt durch ein Glasband auch in das dazwischenliegende Bad hinein. Direkt an der Wanne haben die Architekten ein schießschartenartiges Guckloch mit extrem tiefer, schräg angeschnittener Laibung platziert. Zudem verleiht es dem kleinen Raum eine Atmosphäre von Ruhe und Geborgenheit und dient als Gegenpol zur Offenheit und Weite des Erdgeschosses. Der Einschnitt leitet den Blick des Badenden hinaus in die Blätter des Walnussbaums, so wie der Einschnitt auf der gegenüber liegenden Seite Südlicht ins Treppenhaus lenkt. In Schlafbereich und Ankleide sorgt ein dunkles Grün dafür, dass das einfallende Licht im Kontrast besonders hell strahlt.

Nach allen Seiten offen: Der helle Essbereich mit *Eames Plastic Chairs*, Kugellampen und Walnusstisch ist nicht besonders groß. Da er sich optisch ins Freie erweitert, wirkt er jedoch riesig.

Wohnen ohne Grenzen Der spektakulärste Raum des Hauses ist der rund 80 Quadratmeter große Koch-, Ess- und Wohnbereich, locker strukturiert durch eine Einbauschrankzeile und einen freistehenden Arbeitsblock in der Küche sowie den nach drei Seiten offenen Kamin zwischen Ess- und Wohnbereich. Seine großen Glasfronten und der übergangslos, schwellenfrei verlegte Travertinboden erweitern ihn optisch nach außen, was die räumliche Großzügigkeit noch verstärkt. Eine subtil abgestimmte Farbpalette aus Naturtönen sowie die Beschränkung der Materialien auf Naturstein, Sichtbeton und Holz vereinen die verschiedenen Funktionsbereiche.

Der große Küchenblock ist – inklusive der Arbeitsplatte – mit weißem Laminat beschichtet. Er soll sich harmonisch und unauffällig in die Raumlandschaft einfügen und orientiert sich daher an den weißen Wänden.

Weder Jute noch Plastik: Öko ist chic! Nichts gegen Solarenergie, doch oft sind die lieblos aufs Dach gepfropften Photovoltaik-Elemente eine Beleidigung fürs Auge. Dass es auch anders geht, zeigen die flächenbündig in das um nur 23 Grad geneigte Dach integrierten Sonnenkollektoren.

Auf 55 Quadratmetern Fläche gewinnen sie mehr Energie, als das Haus benötigt. So können die Bauherren auch mehr Strom ins Netz einspeisen, als sie verbrauchen und damit sogar noch etwas dazuverdienen. Obwohl es trotzdem viele Jahre dauern wird, bis sich die Investitionen in die Solartechnik und die Luftwärmepumpe auszahlt, sind die Bauherren zufrieden. **》 Die rund 70 000 Euro, die wir insgesamt in Energieeffizienz investiert haben, werden sich möglicherweise nicht ganz auszahlen. Das ist uns aber egal«**, sagt der Bauherr, »denn unsere positive Klimabilanz beruhigt das Gewissen. Es fühlt sich einfach gut an, etwas für die Umwelt zu tun.« Aus diesem Grund wurde in der Garage auch bereits ein Netzanschluss für ein Elektroauto gelegt, das sich die Familie zulegen will, sobald die nächste, technisch ausgereiftere Generation auf dem Markt ist. Auch beim sparsamen Umgang mit der kostbaren Ressource Wasser haben die Bauherren mitgedacht: Der Garten wird nicht mit teuer aufbereitetem Trinkwasser aus der Leitung versorgt, sondern durch eine Zisterne, in der Regenwasser gesammelt wird.

Der Bauherr ist mit vollem Körpereinsatz dabei. Er ist oft auf der Baustelle und begleitet aufmerksam den Baufortschritt.

Dreharbeiten mit dem BR-Kamerateam in der noch leeren Bibliothek

Obergeschoss

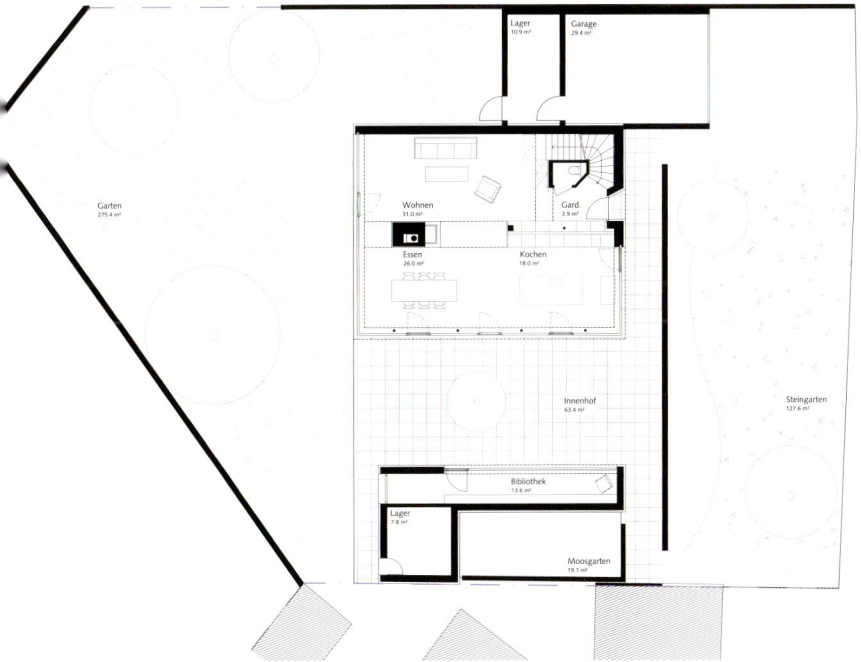

Erdgeschoss

Baudaten

Standort Pullach bei München

Grundstücksfläche 784 m²

Wohnfläche ges. 200 m², Wohnhaus 154 m², Bücherei 14 m², Innenhof 30 m²

Nutzfläche 105 m²

Umbauter Raum (BRI) ges. 844 m³, Wohnhaus 655 m³, Bücherei 67 m³, Garage 122 m³

Bauweise Massivbau (mit außenliegender Dämmung und Holzverschalung als hinterlüftete Fassade)

Energiekonzept *Heizung:* Luftwärmepumpe, offener Kamin zur Heizungsunterstützung, Niedertemperatur-Flächenheizung; *Strom:* PV-Anlage 55 m², flächenbündig in Dach integriert; Primärenergiebedarf 52,46 Wh/(m²a), jährlicher Energiebedarf 19,4 kWh/(m²a), energetische Qualität Gebäudehülle 0,36 W/(m²K), CO_2-Emission 13,3 kg/(m²a)

Baukosten 386 000 € inkl. MwSt.

Gesamtkosten 494 500 € inkl. MwSt.

Besonderheiten Ensemble aus drei Gebäudeteilen: Wohnhaus, Bücherei und Garage bilden privaten Innenhof.

Architekten

SoHo Architektur

Anja Spillner

Fuggergasse 1, 87700 Memmingen

Tel: 08331 96 143 55, Fax: 08331 96 143 56

www.soho-architektur.de

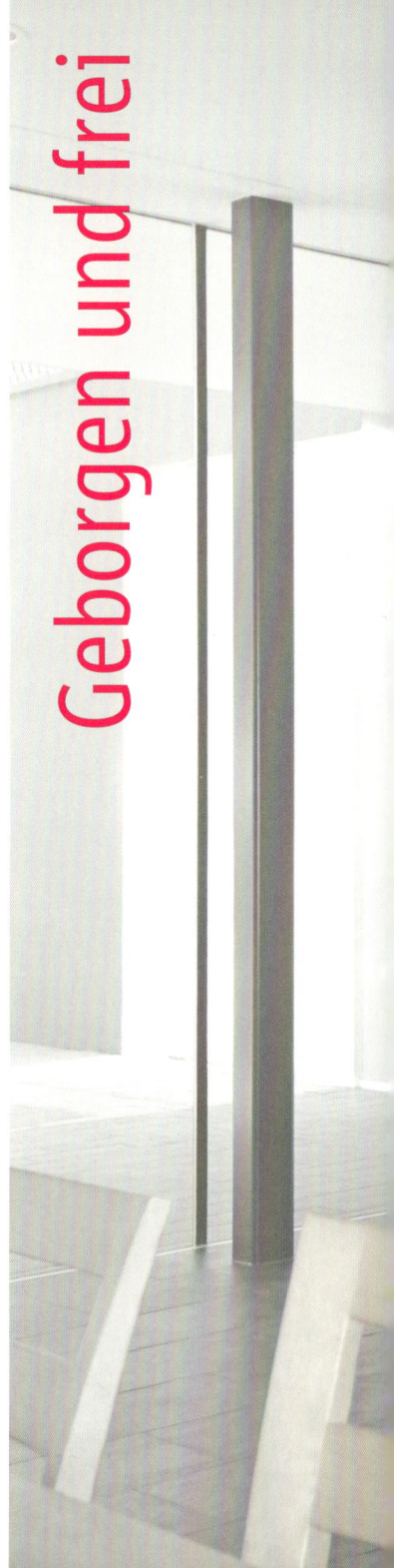

Geborgen und frei

*Lärm- und Sichtschutz, hochwertig gestaltete Außenräume
und die kluge Anpassung des Gebäudekörpers an die Topografie –
das sind bauliche Kriterien, die oft unterbewertet werden.
Das Bauen am steilen Nordhang ist eine der anspruchsvollsten
Planungsaufgaben überhaupt und so musste sich das Nürnberger
Architekturbüro a. ml und partner schon etwas einfallen lassen,
um auf einem Bauplatz mit 12 Prozent Gefälle am Ortsrand
des fränkischen Städtchens Schwabach für die Bauherrenfamilie
mit Kind ein Haus mit qualitätvollen Innen- und Außenräumen
zu entwerfen.*

Zusätzlicher Wohnraum und hochwertiger Gartenersatz: Der Innenhof

Im Bebauungsplan waren für das Grundstück zwei Wohnhäuser mit dazwischenliegenden Garagen vorgesehen. Die Architekten konnten die Gemeinde jedoch von ihrem Entwurf für ein Gebäude aus zwei Baukörpern, die sich um einen Innenhof gruppieren, überzeugen. Dem großen Wohnhaus mit raumhaltigem Satteldach ist ein Garagenbau mit Flachdach vorgelagert. Im Westen wird der Hof durch einen überdachten und mit Sichtschutz versehenen Treppenabgang in den Garten begrenzt, im Osten dient der großzügige Eingangsbereich mit Gästebad als Raumabschluss. Ein Vordach über dem Eingangstor sowie ein Sichtschutz komplettieren die vollständige Schließung des Gebäudekomplexes. Der dadurch rundum vor unerwünschten Einblicken geschützte Innenhof macht es möglich, das Erdgeschoss auf seiner gesamten Länge mit einer großen Glasfront nach Süden zu öffnen, ohne die Privatsphäre der Bewohner zu beeinträchtigen. Die Auskragung des Dachgeschosses um ganze 2 Meter verschafft der voll verglasten Südfassade ausreichend Verschattung, sodass kein zusätzlicher Sonnenschutz benötigt wird. Auf einer Fläche von 83 Quadratmetern ist

»Uns schwebte ein Haus vor, das in seiner Formensprache geradlinig, modern, aber dennoch bodenständig und zeitlos ist und das sich gut in die Umgebung einfügt. Die Bauvorschriften waren sehr eng gefasst, zum Beispiel was die Dachform, Dachneigung sowie den Kniestock betrifft. Trotz dieser Auflagen ist es den Architekten gelungen, ein modernes Haus mit hoher Wohnqualität zu schaffen und unsere gestalterischen Vorstellungen optimal umzusetzen.« Die Bauherren

ein attraktiver Freisitz entstanden, der durch Glasschiebetüren direkt vom Koch-, Ess- und Wohnraum aus betreten werden kann. **〉〉 Der Innenhof stellt für uns die Fortsetzung des Wohnraums nach draußen dar«**, sagen die Bauherren, »dort soll sich in der warmen Jahreszeit das gesellige Leben konzentrieren.« Die Abschüssigkeit des Geländes hat die Architekten Matthias Loebermann und Eric Alles veranlasst, die plane Fläche des Atriums als Gartenersatz zu konzipieren. Das Gelände für eine Gartennutzung zu modulieren, wäre extrem teuer und aufwändig gewesen. Stattdessen holten sie einzelne Elemente aus der Natur in den Innenhof: ein Kräuterbeet lockert ihn auf, ein Baum spendet Schatten. Die östliche Hofwand setzt durch ihre Verkleidung mit Naturstein einen gestalterischen Akzent.

My Home is my Castle Diese bauliche Lösung ist für Lage und Topografie des Grundstücks ideal. Sie macht eine Öffnung des Hauses zur Süd- und Straßenseite hin attraktiv und integriert gleichzeitig den voluminösen Nutzbereich mit Doppelgarage und Werkraum (insgesamt 200 Kubikmeter) harmonisch in den Gebäudekomplex. Der umgrenzte Außenraum, der so entstanden ist, ist nicht nur optisch, sondern auch akustisch optimal vom öffentlichen Raum abgeschottet. Lärmschutz ist ein nicht zu unterschätzender Aspekt guter Architektur und trägt maßgeblich zur Wohnqualität bei. Das finden auch die Bauherren, die vorher an einer eher lauten Straße gewohnt haben: »Wir wollten im ›Traumhaus‹ unsere Ruhe haben«, sagen sie und meinen das wörtlich. So erhielten Schlafzimmer und Kinderzimmer eine Schallschutzverglasung, damit die Bewohner auch nachts von störenden Außengeräuschen verschont bleiben.

Links oben: Ein rundum geschützter Freiraum und im Sommer Lebensmittelpunkt der Familie: Der Hof. Natursteinwand, Holzdeck und Kräuterbeet setzen Akzente.

Rechts oben: Die Doppelgarage, dezent in das Ensemble integriert, schließt den Hof zur Straße hin. Der Baum aus altem Bestand markiert den Eingangsbereich.

Dynamisch greift der plastisch modellierte Baukörper das Geländegefälle auf. Auskragung und Gaubenkasten erweitern ihn zum Hang hin. Eine geschützte Treppe führt vom Hof direkt in den Garten, wo auf der Westseite des Hauses noch ein Freisitz gebaut wird.

Ein Hofhaus am Nordhang
Geborgen und frei

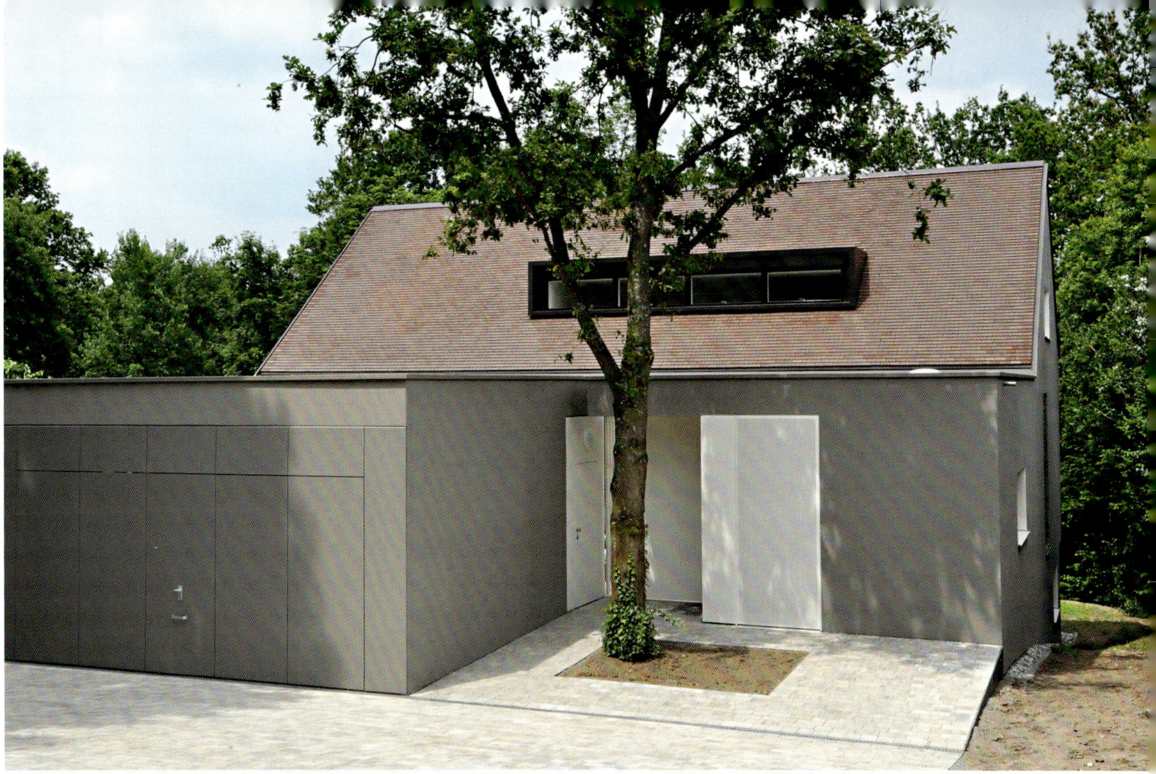

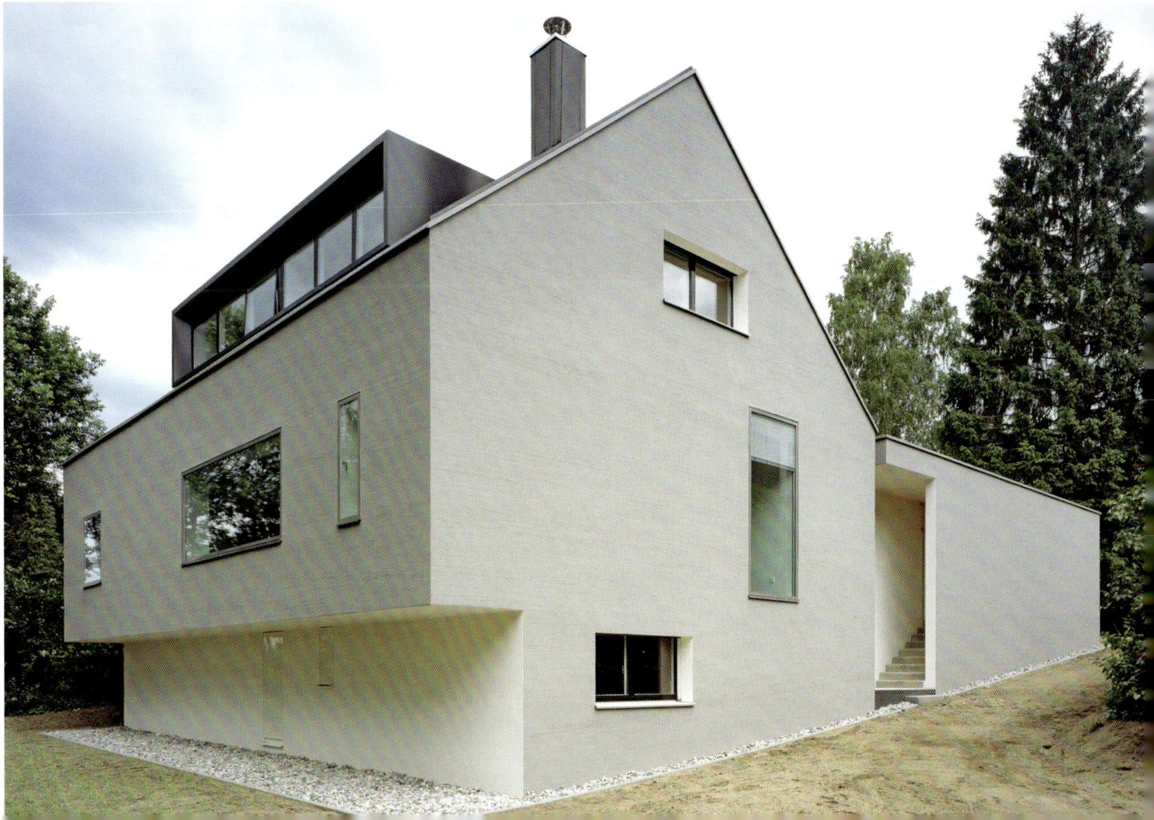

My home is my castle – dieses Motto findet hier formvollendete Illustration, besonders wenn man *castle* in seiner Doppelbedeutung liest: Das gesamte Haus ist introvertiert und trutzig wie eine Burg, seine räumliche Großzügigkeit und die hochwertige Ausstattung ermöglichen luxuriöses Wohnen wie im Schloss. So vermittelt etwa der offene Koch-, Ess- und Wohnbereich trotz seiner 65 Quadratmeter Grundfläche und seiner großen Öffnungen in alle vier Himmelsrichtungen ein Gefühl von Geborgenheit. Genauso hatten es sich die Bauherren gewünscht.

Kluger Umgang mit der Hanglage

Einen klassischen Keller hat das Haus nicht. Durch die steile Hanglage entsteht beim Wohngebäude ein Sockelgeschoss, das einen direkten Zugang in den Garten ermöglicht und alle Räume mit Tageslicht versorgt, zum Innenhof hin ist es vollständig eingegraben. Hier befinden sich Hobbyraum, Gästezimmer, Waschraum und Lager. Aus dem Erdgeschoss wird so zur Nordseite hin

Ein Ort der Besinnung

»Mit dem Haus haben wir dem Thema Wohnen und dem häuslichem Leben einen hohen Stellenwert eingeräumt. Wir sehen das Haus als privaten Ort des Rückzugs, in dem wir die Hektik des Alltags hinter uns lassen können. Mit seinem zentralen Innenhof soll das Haus für uns ein Ort der Ruhe sein, in dem wir hoffen, auch Entspannung und Muße zu finden. Deshalb haben wir das Gebäude bewusst von der Straße zurückgesetzt und in gewisser Weise sogar abgeschottet.« Die Bauherren

Ein Hofhaus am Nordhang
Geborgen und frei

Durchlässigkeit zwischen Innen und Außen: Hof, Wohnraum, Panoramafenster. Die fließenden Übergänge öffnen den Hauptraum im Erdgeschoss und lassen ihn wesentlich größer erscheinen, als er sowieso schon ist.

Die breiten Gaubenfenster werden zum Öffnen nach außen gekippt. Das schützt den Innenraum vor Regen und spart Platz.

Winter auf der Baustelle: Noch ein halbes Jahr bis zum Einzug

ein Obergeschoss. Da das Haus am Ortsrand liegt und das Grundstück an einen Wald grenzt, bieten sich hangseitig reizvolle Ausblicke in die freie Natur, während die Wohnräume vor Einblicken geschützt sind. Konsequenterweise haben die Architekten den Koch-, Ess- und Wohnbereich mit einem großen Panoramafenster versehen (4 × 1,50 Meter), das den Ausblick rahmt und ihn wie das Gemälde einer Waldlandschaft erscheinen lässt. Für die Bauherren ist dies eines der baulichen Highlights: »Es ist wie in einem Baumhaus zu sitzen«, schwärmen sie, »man fühlt sich fast wie über allen Dingen schwebend, dem Alltag enthoben.«

Auch das Haus selbst scheint dieses Gefühl aufgreifen zu wollen. Zum Hang hin springt das Obergeschoss um 1,30 Meter vor, nimmt gewissermaßen die Dynamik des abfallenden Geländes auf. Anstatt den Gebäudekomplex abrupt mit einer einheitlich-senkrechten Wand abzuschließen, betonen die Architekten durch die Auskragung seine skulpturale Qualität und lassen ihn mit der Landschaft in Kontakt treten. Auch

die große Gaube, die mit ihrer 30 Zentimeter tiefen Laibung wie ein Guckkasten aus dem Dach herausragt, betont diese Ausrichtung zum Hang hin. Auf der Hofseite erhält sie durch einen kleineren, aber sich ebenfalls dynamisch aus dem Dachkörper herausschiebenden Gaubenkasten ihr Pendant.

Schwarzer Schiefer unten, helle Eiche oben
Mit den großen Gaubenkästen ist es den Architekten gelungen, das Dachgeschoss zu öffnen und räumlich aufzuwerten. Da sie so wenig Pfosten wie möglich setzen und ein liegendes, extrem schlankes Fensterformat möglich machen wollten, haben sie sich für nach außen öffnende Fenster entschieden, da nach innen aufschlagende breite Fenster sehr weit in den Raum gereicht hätten. Im Dachgeschoss, das man über eine Sichtbetontreppe erreicht, befinden sich Kinderzimmer, Elternschlafzimmer und ein dazwischenliegendes Bad. Während im Erdgeschoss ein einheitlicher Bodenbelag aus schwarzem Schiefer einen starken Kontrast zu den weißen Wänden und Einbaumöbeln bildet, wurden für das Dachgeschoss hell lasierte Eichendielen gewählt, um den privaten Charakter der Schlafräume zu unterstreichen. Auf sämtlichen Geschossen sind weiße Einbaumöbel dezent in die Räume integriert. Besonders der Bereich unterhalb der Gauben wurde als Stauraum optimal genutzt.

Einer der Lieblingsplätze der Bauherrin: Das große Panoramafenster im Wohnbereich, das flächenbündig in die Fassade eingepasst ist, bietet dank seiner tiefen Laibung einen Ruheort mit beeindruckendem Ausblick.

Ein Hofhaus am Nordhang
Geborgen und frei

Das Haus als Skulptur Durch die großen Öffnungen nach Norden und Süden konnten sich die Architekten an den Giebelseiten auf wenige mit Bedacht platzierte Fenster und Glasflächen beschränken. Symmetrie spielte hierbei eine große Rolle. Jeweils genau gegenüber befinden sich im Unter- und Dachgeschoss Fensterbänder, im Erdgeschoss raumhohe Verglasungen. Letztere schaffen eine wirkungsvolle Sicht- und Lichtachse quer durch den Baukörper und verleihen dem Wohnbereich über die unterschiedliche Besonnung am Morgen und am Abend abwechslungsreiche Stimmungen. Auch das Fensterband auf der Ostseite des Eingangsbereichs findet sein Pendant im Fenster des Werkraums auf der Westseite, so wie der breite Gauben-einschnitt auf der Nordseite sein (kleineres) Gegenüber auf der südlichen Dachseite hat. Der plastische Charakter des Gebäudes wird durch den Verzicht auf Dach-vorsprünge und Regenfallrohre, durch schlanke Fensterrahmen und eine einheitliche Fassade aus grauem Besenstrichputz betont. Alle zurückspringenden Flächen, wie die Fensterlaibungen, das Sockelgeschoss nach Norden und die ausgeschnittene

Kochen mit viel Freiheit: Auch für den Kochbereich gilt: Die gefühlte Raumgröße übertrifft um ein Vielfaches die reale Quadratmeterzahl.

Loggia zum Innenhof, sind mit weißem Filzputz optisch abgesetzt. Besonders wichtig war den Architekten die Gestaltung des Dachs. Aufgrund der Hanglage tritt man von oben an das Haus heran. Dadurch erhält das Dach besonderes Augenmerk. Da der Bebauungsplan bezüglich Form und Farbe kaum Variationsmöglichkeiten zuließ, galt ihre Aufmerksamkeit dem Material. Sie wählten für die Dachhaut geradschnittige, leicht konisch gewölbte, dunkel engobierte (mit Tonschlicker beschichtete) Biberschwanzziegel, die durch ihr kleines Format dem Dach eine besondere Struktur verleihen.

Natürlich und authentisch, langlebig und zeitlos So könnte man das Konzept zusammenfassen, das sowohl für die Architekten als auch für die Bauherren die Qualität des Hauses ausmacht. **❯❯ Die Verwendung von natürlichen und hochwertigen Materialien war uns sehr wichtig«**, betonen die Bauherren, »zum Beispiel Dachziegel aus Ton, Mineralputz statt Silikonputz, Schieferbodenplatten im

Eine Lichtachse erstreckt sich quer durch das gesamte Gebäude mit raumhohen Öffnungen nach Osten und Westen. So werden sämtliche Lichtstimmungen im Tagesverlauf zwischen Sonnenauf- und -untergang im Haus erlebbar.

Auch die jüngste Bewohnerin genießt die Ausblicke ins Grüne.

Ein Hofhaus am Nordhang
Geborgen und frei

Erdgeschoss und Holzparkett im Obergeschoss. Die Farbgebung, sowohl außen als auch innen, sollte dezent und zurückhaltend sein, um modische Trends zu überdauern.« Auch beim Energiekonzept spielte das Thema Nachhaltigkeit eine wichtige Rolle. Das Haus erreicht mit seiner hochwärmedämmenden Hülle und durch den Einsatz regenerativer Energie einen KfW 60-Standard. Erdwärme wird mittels Tiefensonden gewonnen und über eine Wärmepumpe als Energie für die Fußbodenheizung verwendet. Zudem wurde der Bestand alter Bäume so weit wie möglich erhalten.

Die Architekten Matthias Loebermann und Eric Alles mit den Bauherren

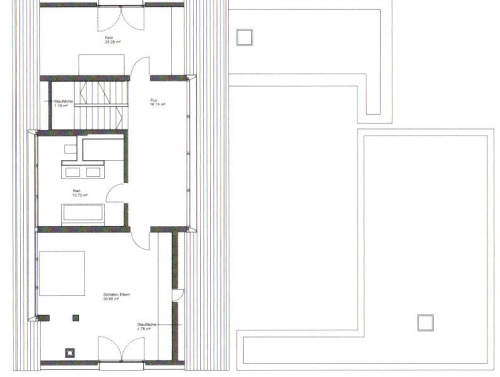

Obergeschoss

Erdgeschoss

Baudaten

Standort Schwabach bei Nürnberg

Grundstücksfläche 1779 m²

Wohnfläche 201 m²

Nutzfläche 269 m²

Umbauter Raum (BRI) 1600 m³

Bauweise Massivbau (mit Wärmedämmverbundsystem), Massivdach

Energiekonzept Geothermie (Heizen/Kühlen)

Baukosten ohne Garagengebäude 460 000 €

Gesamtkosten keine Angaben

Besonderheiten Nordhang, Atrium

Architekten

a. ml und partner
architekturwerkstatt matthias loebermann
Prof. Matthias Loebermann
Dipl.-Ing. Eric Alles
Moltkestraße 5, 90429 Nürnberg
Tel: 0911 510 90 31, Fax: 0911 510 90 32
www.aml-partner.de

»Wohnen in diesem Haus ist der Wahnsinn schlechthin –

es ist jeden Tag aufs Neue ein tolles Erlebnis,

sich in den offenen, großzügigen Räumen zu bewegen,

die herrlichen Ausblicke zu genießen.

Alles ist genau so, wie wir es erträumt hatten.«

Geneigtes Dach, rote Ziegel, heller Putz – das ist die Standardformel für Einfamilienhäuser in Deutschland. Und nicht selten gilt: je ländlicher die Gemeinde, desto strenger die Bebauungspläne. Wehe dem Bauherrn, der es anders will! Ein junges Ehepaar aus Cham im Bayerischen Wald hat erfahren, was es heißt, ganz eigene Vorstellungen vom Traumhaus umsetzen zu wollen. Natürlich sind einheitliche Bauvorgaben durchaus sinnvoll und wichtig, verhindern sie doch allzu grobe Geschmacksverirrungen und gestalterisches Chaos. Andererseits muss es erlaubt sein, vom oft einfallslosmontonen Einerlei abzuweichen. Und es war ja nicht so, als hätten sie sich ausufernde Türmchen und Erker und eine Fassade in *shocking pink* gewünscht. Was diese Bauherren wollten, war ein moderner, kubisch modulierter Baukörper mit Flachdach. Damit lösten sie in eine lebhafte Architekturdebatte aus.

Die Angst vorm Flachdach Der örtliche Stadtrat, dem das Bauvorhaben zur Genehmigung vorgelegt werden musste, hatte große Bedenken. Vor allem das Flachdach wurde als störende Abweichung von der regionalen Baukultur empfunden. Doch es gab auch Punkte, die für das »Haus mit Flachdach« sprachen. Seine hohe Energieeffizienz und Umweltfreundlichkeit überzeugten. Auch wollte man verhindern, dass das junge Paar sein Traumhaus einfach woanders baute. Abwanderung ist in der strukturschwachen Region nah der Grenze zu Tschechien durchaus ein Thema. Man sah ein: Regionale Identität entsteht nicht nur zwischen First und Traufe. Der Bau wurde nach sorgfältiger Prüfung und langen Diskussionen schließlich genehmigt.

Nach Norden und Osten gibt sich der Baukörper eher verschlossen. Hier erkennt man den Unterschied zum traditionellen Nachbarhaus mit seiner Fassade aus weißem Putz im Erdgeschoss und Holz im Obergeschoss. Beim »Haus mit Flachdach« ist es genau umgekehrt.

Der in den Hang eingeschnittene Zugangsbereich mit unsichtbar in den Baukörper integrierter Doppelgarage. Die Oberseite des ins Haus eingeschobenen Würfels wird als Dachterrasse genutzt.

Die Tradition auf den Kopf gestellt

»Der Entwurf bezog sich von Anfang an auf die regionaltypische Bauweise – nur eben frei interpretiert«, sagt Markus Weber vom Bad Kötztinger Architekturbüro Schnabel & Partner, der die Aufregung nicht ganz nachvollziehen kann. So wie sich beim Typus des traditionellen Bayerwaldhauses die Geschosse durch unterschiedliche Materialien voneinander absetzen (Mauerwerk und weißer Putz unten, dunkles Holz oben), sind hier die verschiedenen Ebenen durch die Fassadengestaltung betont und die Tradition quasi auf den Kopf gestellt: eine Verschalung aus Lärche unten, weißer Putz oben. Dem abfallenden Geländeverlauf passt sich die Gebäudeform an. Auch in dieser Beziehung hat der Architekt auf die örtlichen Gegebenheiten reagiert – nur eben nicht so, wie es alle erwartet hatten.

Quader + Würfel + Einschnitte = Traumhaus

Das »Haus mit Flachdach« besteht aus einem in das abschüssige Gelände eingegrabenen Quader, in den hangseitig ein zweigeschossiger Würfel eingeschoben ist. Im Sockel des Würfels befindet sich eine Doppelgarage, dementsprechend ist das Gelände hier ausgehoben, um auf Straßenniveau eine plane Fläche für Hof, Eingang und Zufahrt zu schaffen. Direkt angrenzend an die Garagen folgt das Gelände dann auf der Südseite wieder der natürlichen Steigung – allerdings nur bis zur Höhe des Würfel-Obergeschosses, das aufgrund des Gefälles hier zum Erdgeschoss wird. Im 90-Grad-Winkel zwischen den beiden Gebäudeteilen ist ein geschützter Außenbereich entstanden. Hier ist das Gelände wieder planiert und schafft Platz für eine großzügige Terrasse.

Ein Haus mit Flachdach
Glücklich nach eigener Fasson

Weltkulturerbe Satteldach

»Es gibt nichts Schöneres als ein rotes Satteldach«, »wir verlieren unsere Kultur«, »das Haus passt sich nicht der gebauten Umgebung an«, »diese Dachform ist verunstaltend«, »wenn wir das jetzt genehmigen, müssen wir bei anderen ungewöhnlichen Entwürfen in Zukunft auch tolerant sein« – so formulierten Bürgermeisterin und Stadträte von Cham ihre Bedenken gegen das Bauvorhaben im Ortsteil Haderstadl. Es gab aber auch Befürworter: »Haderstadl ist doch kein Weltkulturerbe«, sagte ein Stadtrat und ein anderer gab zu bedenken, man müsse es unterstützen, wenn junge Leute im Ort bauen wollten.

Das Auskragen des Quader-Obergeschosses und der Einschnitt in den Würfel definieren den Freisitz und betonen seinen privaten, zurückgezogenen Charakter. Die
Dachfläche des Würfels wird für eine zweite Terrasse genutzt, die vom Obergeschoss
des Quaders, also des Hauptgebäudekörpers, betreten werden kann. Geschickt hat
der Architekt vertikale Bezüge hergestellt, mit Ebenen, Kubaturvariationen und
Materialien gearbeitet. Vor- und Rücksprünge schaffen eine komplexe, dynamische
Gebäudekonstruktion mit klaren Linien. Die scharfen Kanten der Bauteile werden
durch Übereck-Verglasungen betont.

Jäh ergraut: die Lärchenholzfassade

Um eine ungleichmäßige Verwitterung
zu verhindern, wurde die Verschalung mit einer Vorvergrauungslasur bearbeitet.
Diese färbt die Lärchenbretter homogener als der natürliche Verwitterungsprozess.
Der skulpturale Charakter des Hauses verlangt nach einheitlichen Oberflächen. Dies
gilt auch für das flächenbündige Tor der Doppelgarage, das ebenfalls mit Lärchenbrettern beplankt und so unsichtbar in den Würfel integriert ist. Diese konsequente
Geschlossenheit der Garagenfassade ist einerseits elegant, lässt aber andererseits
den ins Gelände eingeschnittenen, seitlich von Gabionenkörben begrenzten Zufahrts-
und Eingangsbereich wenig einladend erscheinen.

Gegen die Neigung zum Gewohnten

»Man kann das ländliche Bauen nicht auf die Dachform reduzieren. Es gibt auch andere Wege, ein Haus sinnvoll in die Umgebung zu integrieren. Schlichtheit und Reduzierung in Form und Materialität charakterisieren die traditionell einfache Dorfarchitektur. Deshalb passt meiner Meinung nach das Haus sehr wohl in die Umgebung.« Der Architekt

Freisitze in allen Variationen: Der große, offene Terrassenbereich bietet durch den Einschnitt in den Würfel einen geschützten Rückzugsraum, die Dachterrasse darüber besticht mit einem hangseitig grenzenlosen Ausblick in die Landschaft.

Senkrechte Raumfolgen – diagonale Sichtachsen Auch im Inneren sind die Ebenen miteinander verknüpft: Das Entree, das sich aufgrund der Hanglage im Untergeschoss befindet, aber vom Hof aus betreten wird, öffnet sich bis an die Decke des Erdgeschosses und erreicht eine Raumhöhe von 5,20 Metern. Diagonal versetzt entlang dem eingeschobenen Würfel erweitert sich dieser Luftraum bis in das Obergeschoss. Eine offene Treppe ohne Setzstufen und eine Galerie verbinden den Wohnbereich mit den Schlafräumen. Dieses vertikale Raumkontinuum zeichnet die Hanglage im Innenbereich nach und erzeugt ein Gefühl von Weite, das durch die vielen horizontalen Bezüge im Erdgeschoss noch verstärkt wird. So lassen der Verzicht auf Handlauf und Absturzsicherung auf der Flurseite die Treppe in ihrer Raumwirkung stark zurücktreten, sodass die Diele größer scheint, als sie ist. Die Durchlässigkeit der Treppe betont gleichzeitig die zentrale Achsenfunktion, die diesem Erschließungsraum im Grundriss zukommt.

Badezimmer mit Aussicht: Die großzügige Süd-Ost-Eckverglasung bietet viel Tageslicht und ein weites Landschaftspanorama auch bei der Körperpflege.

Der Treppenbereich ist Teil einer Sichtachse quer durchs ganze Haus und öffnet sich auch vertikal über alle drei Ebenen. Im Obergeschoss ist ein großzügiger Galerieraum entstanden, in dem der Bauherr sein Arbeitszimmer untergebracht hat. Der eingeschobene Würfel zeichnet sich im Innenbereich auch farblich ab: Die dunkle Wandverkleidung greift seine Abmessungen auf.

Ein Haus mit Flachdach
Glücklich nach eigener Fasson

Ganz und gar überzeugt vom Traumhaus

»Wir wollten ein schlichtes, puristisches Haus: hell, großzügig, klare Linien. Dazu passt ein flaches Dach einfach am besten. Es war aber nicht nur die Optik – auch die baulichen Vorteile eines begrünten Flachdachs wie beispielsweise die gute Dämmung haben uns überzeugt.«
Die Bauherren

Der Erschließungsbereich ist organisch ins Raumgefüge integriert und geht fließend in den Koch- und Essbereich über. Das spart Platz und schafft Weite und Offenheit. Die sehr zurückgenommene, offene Treppe lässt dieser Raumachse quer durchs ganze Haus ihre Wirkung.

Durch Mühsal zu den Sternen
»Wir hatten ein begrenztes Budget und daher war von Anfang an klar: Wir würden selbst mit ran müssen. So war es dann auch. Und wie! Unzählige Stunden haben wir – tapfer unterstützt von unseren Eltern – für unseren Traum geschuftet. Manchmal hätte man am liebsten alles hingeworfen. Aber letztendlich wussten wir ja immer: es lohnt sich. Heute finden wir: es war jede Sekunde Plackerei wert.«
Die Bauherren

Raumfolgen, die durch Schiebetüren variabel gestaltbar sind, und effektvolle Blickbeziehungen zeugen von der planerischen Umsicht des Architekten. So können Diele, Arbeitszimmer, Küche, Essbereich und Speisekammer wahlweise verbunden oder geschlossen werden. Eine diagonale Sichtachse quer durch Quader und Würfel verbindet die beiden baulichen Elemente und öffnet sie gleichzeitig nach außen. Sie gibt den Blick frei von der Küche im Südosten bis zum Wohnbereich im Nordwesten.

Biotop Flachdach Flachdach und Umweltfreundlichkeit – die beiden zentralen Themen des Hauses finden bei der Dachbegrünung zusammen. Sie ist zum einen ein Ausgleich für die durch den Bau neu versiegelte Fläche, zum anderen wirkt sie in der kalten Jahreszeit dämmend, im Sommer kühlend und verbessert so auch das Klima im Inneren des Gebäudes. Zudem schützt sie die Dachhülle vor Verwitterung und bewirkt, dass sich das Haus noch besser in die grüne Umgebung am Ortsrand einpasst. Ästhetik und Nachhaltigkeit – das gehört für die Bauherren unbedingt zusammen: **》 Wir wollten kein Öko-Haus, das nach ›Öko‹ aussieht. Gestalterischer Anspruch und Umweltfreundlichkeit müssen vereinbar sein – nicht nur beim Flachdach.«**

Ein Haus mit Flachdach
Glücklich nach eigener Fasson

Das begrünte Dach ist vom Hang aus fast unsichtbar und integriert das Haus in die Landschaft. Durch seine gute Dämmwirkung verhindert es Wärmeverluste und ist somit Teil des Energiekonzepts.

Ein Luftraum mit Galerie verbindet den ebenerdigen Eingangsbereich mit dem darüberliegenden Geschoss.

Von Südosten aus wird die plastische Ausformung des Baukörpers besonders deutlich: Auskragungen und Einschnitte gliedern Würfel und Quader zusätzlich auf, die kontrastreichen Fassadenmaterialien setzen die verschiedenen Ebenen voneinander ab.

Himmel und Erde Auch die anderen energetischen Qualitäten sieht man dem Haus nicht auf den ersten Blick an. Wärme gewinnt es zum Beispiel direkt aus der Erde, allerdings nicht durch eine Tiefensonde, sondern über flächig verlegte Erdkollektoren. Dafür wurde die ebene Grasfläche hinter dem Haus genutzt und insgesamt 675 Meter Rohre auf 420 Quadratmetern ausgelegt. Eine Wärmepumpe wandelt die aus dem Boden gewonnene Energie in Heizungswärme um, die hochwertige Dämmung und eine besonders effiziente Lüftungsanlage mit 90%igem Wärmerückgewinnungsgrad ergänzen das Energiekonzept. Bei der kontrollierten Wohnraumlüftung wird kalte Frischluft von außen durch Abluft von innen erwärmt. Dabei müssen nur geringe Energiemengen in Form von Strom für die Pumpe zugeführt werden. Um das ökologische Gesamtpaket noch erweitern zu können, hat der Architekt alle wichtigen baulichen Vorbereitungen für die spätere Installation einer Solaranlage getroffen, sodass die Bauherren bei Bedarf energetisch nachrüsten können.

»In der Planungs- und Rohbauphase gab es viel Ablehnung für unser Haus. Das lag wahrscheinlich auch daran, dass sich niemand so richtig vorstellen konnte, wie es am Ende aussehen würde, schließlich gibt es in der Region so gut wie keine positiven Beispiele für moderne Architektur. Alle haben sich über das Flachdach aufgeregt und dachten wahrscheinlich, wir stellen hier so eine Art Parkhaus mit Sichtbetoncharme hin. Jetzt, wo es fertig ist, finden es viele doch ganz gelungen. Das freut uns natürlich sehr, aber letztendlich ging es um unseren Geschmack und unsere Bedürfnisse. Da kann man nicht immer auf die Erwartungen der anderen Rücksicht nehmen.« Die Bauherren

Oben: Einer von vielen Lieblingsplätzen der Bauherren: Die integrierte Holzbank im Terrassenbereich

Die große Galerie erschließt das Obergeschoss und schafft Raum für den Arbeitsbereich des Bauherrn.

Der Bauherr und sein Schwiegervater beim Anbringen der Holzfassade. Durch Eigenleistung konnte das junge Bauherrenpaar viel Geld sparen. Immer nah dran am Geschehen: Ein Kameramann des Bayerischen Fernsehens

Ein Haus mit Flachdach
Glücklich nach eigener Fasson

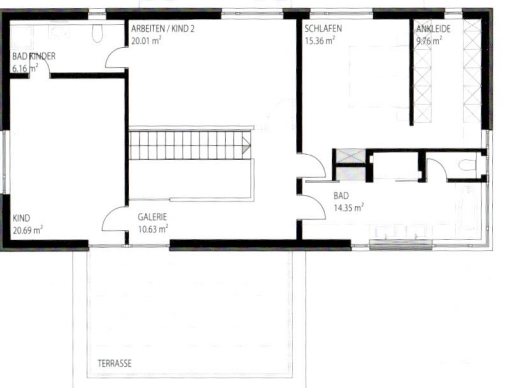

Obergeschoss

BAD KINDER 6.16 m²
ARBEITEN / KIND 2 20.01 m²
SCHLAFEN 15.36 m²
ANKLEIDE 9.76 m²
KIND 20.69 m²
GALERIE 10.63 m²
BAD 14.35 m²
TERRASSE

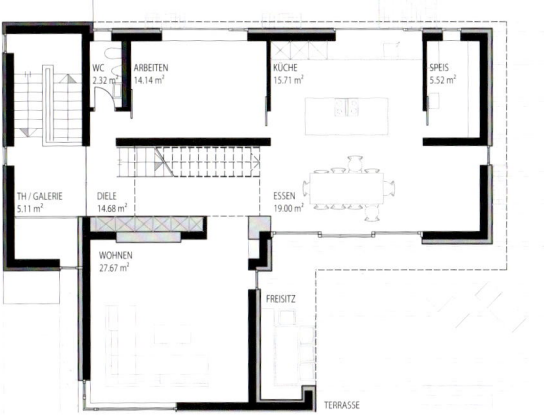

Erdgeschoss

WC 2.32 m²
ARBEITEN 14.14 m²
KÜCHE 15.71 m²
SPEIS 5.52 m²
TH / GALERIE 5.11 m²
DIELE 14.68 m²
ESSEN 19.00 m²
WOHNEN 27.67 m²
FREISITZ
TERRASSE

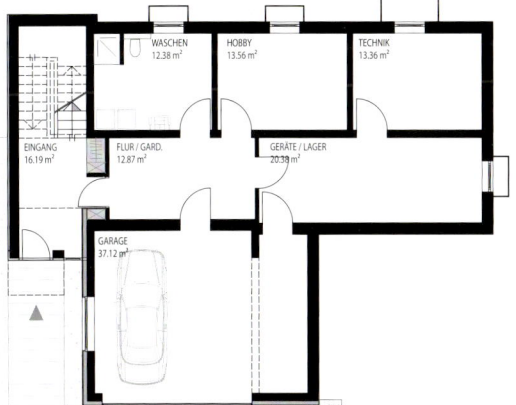

Untergeschoss

WASCHEN 12.38 m²
HOBBY 13.56 m²
TECHNIK 13.36 m²
EINGANG 16.19 m²
FLUR / GARD. 12.87 m²
GERÄTE / LAGER 20.33 m²
GARAGE 37.12 m²

Die Bauherren mit Architekt Markus Weber
im noch unfertigen Koch- und Essbereich

Baudaten

Standort Cham/Bayerischer Wald

Grundstücksfläche 750 m²

Wohnfläche 204 m²

Nutzfläche 128 m²

Umbauter Raum (BRI) 1288 m³

Bauweise Massivbau (Ziegelmauerwerk, Stahlbeton)

Energiekonzept Wärmepumpe (Direktverdampfer, Erd-Flächenkollektor), kontrollierte Be- und Entlüftung mit Luftvorerwärmung bzw. -kühlung mittels Erdkollektor (Sole-Luft), kfW 40-Standard

Baukosten 280 000 € (840 €/m²)

Gesamtkosten ca. 330 000 €

Besonderheiten integrierte Doppelgarage

Architekten

Schnabel & Partner Architekten
Markus Weber
Landshuter Straße 12, 93444 Bad Kötzting
Tel: 09941 94 43 0, Fax: 09941 94 43 38
www.schnabel-partner.de

Heimatverbunden und weltläufig

*Sie hat in New York gelebt und in Mombasa, in Perugia studiert
und war als Reisefotografin auf allen Kontinenten unterwegs.
Heute macht sie von München aus Mode- und Werbefotografie
und reist dafür schon mal auf die Malediven oder nach St. Petersburg.
Um ihr Traumhaus zu bauen, ist sie nun in ihren bayerischen Heimatort
Schliersee zurückgekehrt. Er ist Fahrzeug-Ingenieur und beschäftigt
sich beruflich mit modernem Energiemanagement und alternativen
Antriebskonzepten. Sein technisches Know-how konnte der Bauherr
in die Entwicklung des durchdachten Energiekonzepts einbringen.
Zusammen mit Architekt Helgo von Meier haben sie ein modernes
Energiesparhaus mit regionalem Charakter gebaut.*

Energieeffizienz und Fischerhüttencharme Der Luftkurort Schliersee, idyl-
lisch gelegen am gleichnamigen See mit Alpenkulisse, zeichnet sich durch ein traditionelles Ortsbild aus. Hier findet man an vielen Häusern noch bunte Holzläden, Lüftlmalerei und kunstfertig geschnitzte »Pfettenkopfbrettln« am Dachgiebel. Auf die
lokale Bautradition wollte die Bauherrin unbedingt Bezug nehmen, ohne jedoch auf
räumliche Großzügigkeit und ein modernes Wohngefühl zu verzichten. Vor allem die
Nähe zum See sollte man dem Haus gleich ansehen. Die auf Stelzen gebauten Fischer-
hütten mit ihren umlaufenden Holzdecks standen Pate beim Entwurf. Auch für ihr
Traumhaus wünschte sie sich ein solches Deck. Die Stelzen in Form von 18 Pfählen
waren allerdings weniger eine ästhetische Entscheidung als eine statische Notwen-
digkeit. Wegen des nicht tragfähigen Baugrunds aus Seekreide mussten sie 25 Meter
tief in den Boden gerammt werden, wo sie das Haus auf einer festen Gesteinsschicht
gründen. Bei dieser Konstruktion bot sich die Nutzung von Erdwärme an, denn
die Rammpfähle mussten sowieso gesetzt werden. Die Verwendung von Eisenrohren

**Ohne Jägerzaun und Geranien-
balkon**

»Ich wollte in der Tradition meiner Heimat
bauen, die regionalen Besonderheiten
berücksichtigen, auf die Nähe zum See
Bezug nehmen und gleichzeitig modern
und zeitgemäß bauen. Tradition ist Weiter-
gabe des Feuers und nicht die Anbetung
der Asche. Daher kamen Jodlerstil, Jägerzaun und Geranienbalkon für uns nicht
infrage.« Die Bauherrin

machte es möglich, die Sondenleitungen für die Sole-/Wasser-Wärmepumpe in die Rammpfähle einzubauen. So wurde aus dem Modell Fischerhütte ein modernes Energiesparhaus mit Geothermie. Die aus der Erde gewonnene Wärme gepaart mit einer wirksamen Dämmung machte es möglich, auf zusätzliche Solarenergie zu verzichten. Die einfache Kubatur des Hauses minimiert Wärmeverluste, die großen Glasflächen sind durch Dreifachverglasung und gute Isolierung ebenfalls energieeffizient. Der Energieverbrauch ist vergleichbar mit dem eines Passivhauses, wenngleich das Haus nicht exakt dem strengen Passivhausstandard entspricht. Eine Erhöhung des Hauses von 45 Zentimetern wirkt der Überschwemmungsgefahr, die die Nähe zum See mit sich bringt, entgegen.

Außendeck und Opferbrett: Das Haus setzt Akzente

Die beiden Geschosse des Holzhauses sind optisch voneinander abgesetzt. Auf der Nord- und Westseite geschieht dies lediglich – wie seit Jahrhunderten bei klassischen Bauernhäusern der Region üblich – durch ein horizontal verlegtes sogenanntes Opferbrett.

Die Bauherrin und Hund Lotte genießen
die Abendsonne auf dem westlichen Deck.
Typisch für das Gesamtkonzept:
Die schlichte, zweckmäßige und zurückgenommene Holzbank.

Rechts oben: Einheitlich, reduziert und
doch klar ausgestaltet: die Fassade,
hier die Südostansicht. Die Holzverschalung
aus Lärchenbrettern ist im Erdgeschoss
horizontal und im Obergeschoss vertikal
montiert.

Fast vollständig geschlossen und durch-
gehend mit senkrechten Holzlatten
verschalt: Die Nordfassade mit traditio-
nellem »Opferbrett« zwischen Erd- und
Obergeschoss.

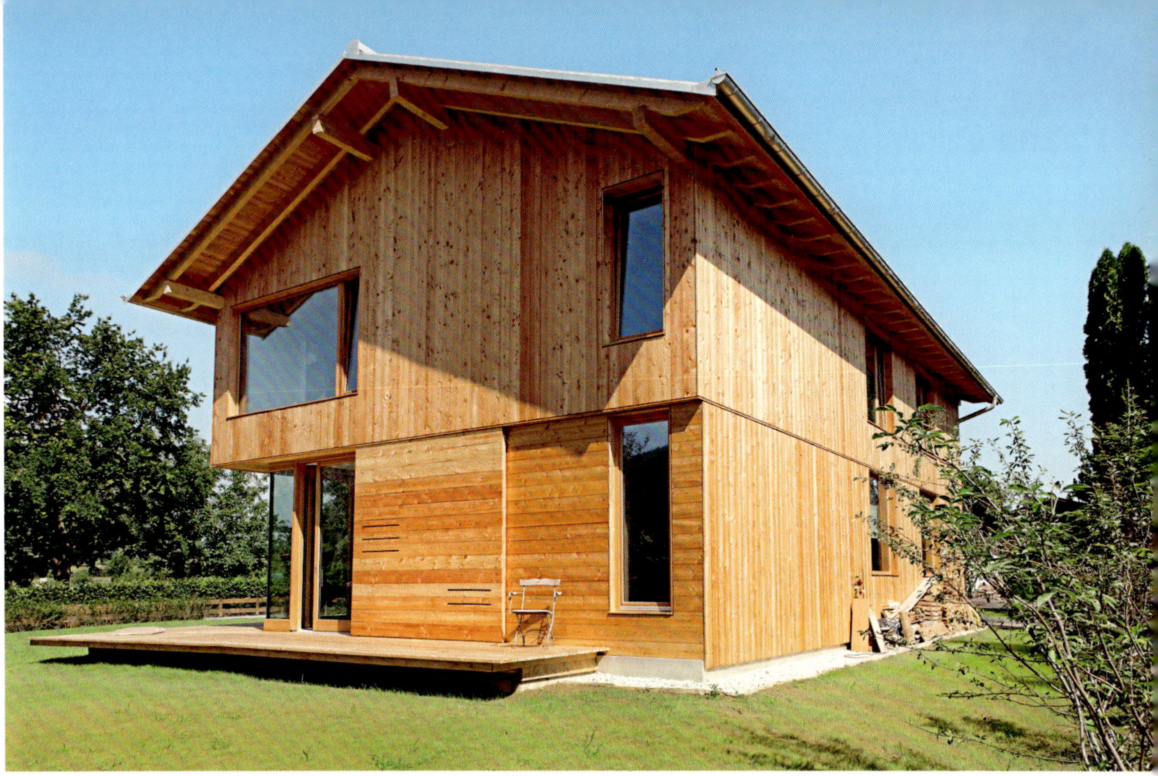

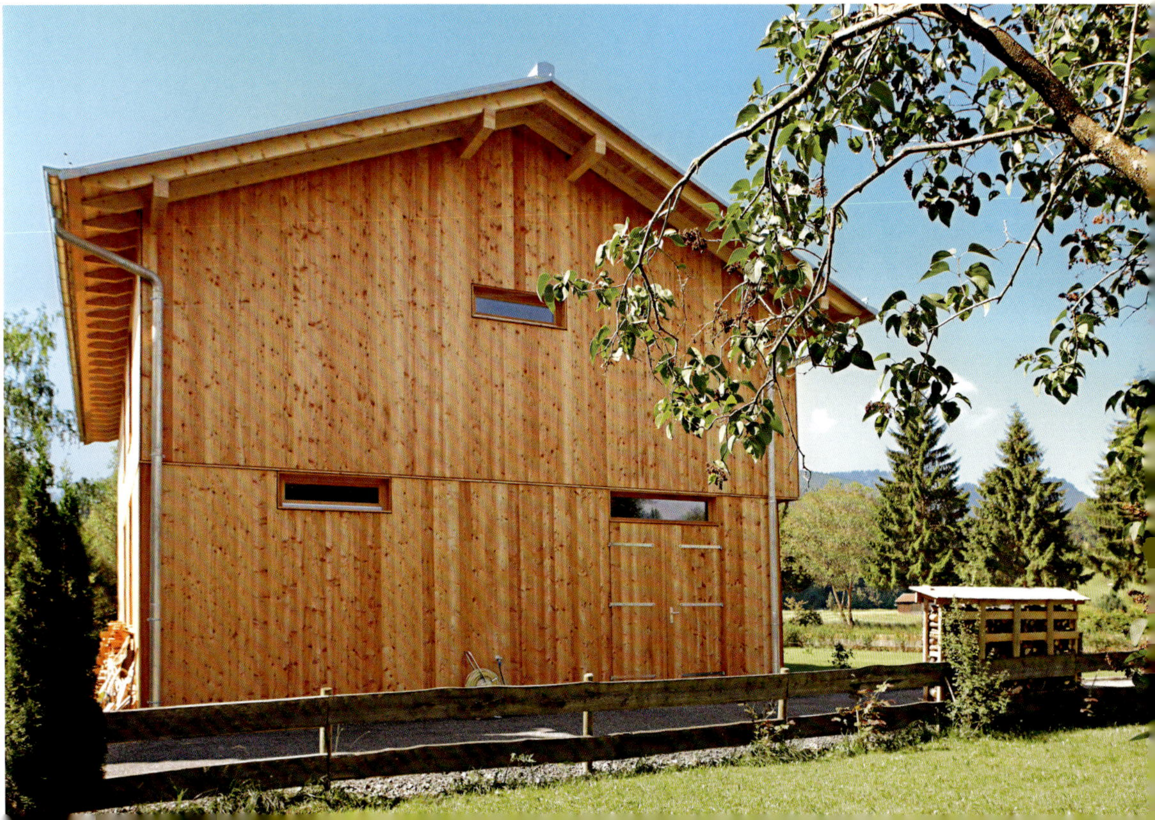

Wider den Zeitgeist

»Geschmack verändert sich, Zeitgeist und Mode verändern sich. Bei einem guten Haus ist es aber wie bei einem guten Bild: Hohe gestalterische Qualität ist auch Jahrzehnte später noch erkennbar, selbst wenn sich der Zeitgeist inzwischen drastisch geändert hat. Das wünsche ich mir auch für mein Haus: Ein hohes Maß an Nachhaltigkeit, nicht nur bei den Materialien und der Ausführung, sondern auch in punkto Ästhetik.« Die Bauherrin

Idyllische Seewiese am Alpenrand: Auch im Garten soll die Nähe zum Wasser spürbar sein. Schilf und Auengehölze erzeugen zusammen mit dem großen Holzdeck, das rund einen halben Meter über dem Erdboden liegt, Seeufer-Flair. Dank vieler Fenster und großer Glasfronten ist die Südwestseite sehr offen und durch die Holzschiebeläden fast vollständig verschließbar.

Deutlicher unterscheiden sich oben und unten auf den gegenüberliegenden Seiten, wo das Obergeschoss nicht nur auskragt (nach Westen um 1,25 Meter, nach Süden nur leicht, um 20 Zentimeter), sondern auch die Holzverschalung aus Lärche unterschiedlich angebracht ist: Im Obergeschoss sind die Latten wie beim Rest der Fassade vertikal, im Erdgeschoss horizontal montiert. Die Auskragungen korrespondieren mit dem großen Deck (wie die Fassade aus Lärche gefertigt), das auf der Westseite 3 Meter, auf der Südseite 2 Meter tief ist und den Wohnbereich im Erdgeschoss großzügig nach außen erweitert. Eine Grundfläche von insgesamt 55 Quadratmetern steht damit als Außenwohnraum zur Verfügung und die Bauherren nutzen ihn in der warmen Jahreszeit, sooft sie können.

Den See als Nachbar, die Alpen im Blick

Das ruhig gelegene Grundstück am Ortsrand hat zwar keinen Seeblick, dafür sind es nur wenige Schritte bis zum Wasser, dem Flüsschen Schlierach im Westen und dem Schliersee im Süden. Das herrliche Bergpanorama im Südwesten verlangt die uneingeschränkte Aufmerksamkeit des Hauses. Der Architekt ist dem gefolgt und hat den Ess- und Wohnbereich im

Gestockter Beton, Holz, Estrich, Kunststoff: Der Essbereich erinnert eher an ein großstädtisches Loft, passt aber mit seiner funktionalen Kargheit dennoch gut ins voralpinländliche Gesamtkonzept.

Die »steinerne Säule« der südlichen »Rauchkuchl«: An ihr entlang erstreckt sich ein Luftraum bis hoch zum First und holt über ein Dachflächenfenster Tageslicht bis in den Kochbereich im Erdgeschoss. Im Obergeschoss schafft er Raum für eine kleine Galerie. In der »steinernen Säule«, eigentlich ein Kern aus Beton, ist ein Kamin untergebracht. Die schwarze Tür führt zum Foto-Archiv, für das in der »Säule« noch Platz war.

Erdgeschoss mit einer großzügigen raumhohen Übereck-Glasfront geöffnet. Im Atelier der Bauherrin im Obergeschoss darüber rahmt ein überdimensionaler Fensterausschnitt das Alpenpanorama. Im Kontrast dazu verschließt sich die Nordseite fast vollständig. Lediglich drei winzige Fensterbänder hat der Architekt hier platziert. Kein Wunder, denn nicht nur ist dies die kalte Seite des Hauses, sie hat bis auf den Blick auf ein Nachbargebäude auch sonst nicht viel zu bieten. Ein bewusst scheunenartig gestaltetes Holztor erschließt den Zugang zum Geräteraum und verweist auf die bäuerliche Tradition des Ortes.

Holz und Stein: Der Kochbereich mit Rauchabzug durch die »Rauchkuchl-Säule« ist, wie alles im Haus, schlicht und aufs Wesentliche reduziert. Das Gamsgeweih erinnert daran, dass man sich am Alpenrand und nicht in der Großstadt befindet.

Kein Feuer im nördlichen »Rauchkuchl«, wo das Element Wasser dominiert, denn Bade- und Duschbereich sind hier untergebracht. Aber auch das Element Luft kommt durch ein Dachflächenfenster zu seinem Recht.

Rauchkuchlhaus mit Schutzhülle

In der Rauchkuchl (Rauchküche), einer offenen steinernen Feuerstelle mit Kaminabzug, wurde früher gekocht, Brot gebacken und gewaschen. Der Rauchabzug diente zum Selchen (Räuchern) von Lebensmitteln. Diese Tradition eines zentralen Funktionsbereichs aus Stein mitten im Holzhaus wollte die Bauherrin in ihrem Entwurf weiterleben lassen. Und so hat ihr »Rauchkuchlhaus« – eigentlich ein reiner Holzbau – zwei Kerne aus Beton, die sich bis zum Dach erstrecken, neben Küchenherd und Ofen sämtliche Sanitärbereiche umfassen und den Innenraum strukturieren. Ein Luftraum erstreckt sich entlang des zentralen »Rauchkuchls« von der Küche durchs Obergeschoss bis zum First. Er öffnet den Innenbereich in die Vertikale und lässt der »steinernen Säule« Raum, sich zu präsentieren. »Wir haben das Haus ausgehend von einem einzigen großen Raum konzipiert, der durch zwei warme ›Steine‹ gegliedert wird«, sagt Architekt Helgo von Meier (VONMEIERMOHR, Schondorf am Ammersee). »Diese zentralen ›Steine‹ sollten alle vier Elemente enthalten: Erde (Stabilität und Verankerung im Boden), Feuer (Wärme), Wasser und Luft.« Neben der kompletten Wasserinstallation enthalten die »Rauchkuchlkerne« daher auch eine Wandheizung und Kamine. Der Badbereich wird durch ein Dachflächenfenster entlüftet. Tatsächlich besteht das Erdgeschoss – abgesehen von den Nutzräumen an der Nordseite (Abstellraum, Haustechnikraum, Speisekammer) – aus einem einzigen Raum, der insgesamt 100 Quadratmeter Fläche beansprucht und lediglich durch die beiden Steintürme sowie eine Zeile mit Einbauschränken unterteilt ist. Trotz dieser Offenheit ist hinter dem Küchen-Steinturm ein gemütliches, geschütztes Kuscheleck entstanden, das Geborgenheit bietet und sich übergangslos in den weitläufigen Essbereich und die »Lounge« öffnet. Der zweite Steinturm beinhaltet das Gäste-WC mit Dusche und grenzt Eingang und Garderobe vom Wohnbereich ab.

Gamsgeweih auf Sichtbeton: rustikal und modern

Die Fusion von traditionellen Elementen und modernem Lifestyle ist im Innenbereich deutlich zu spüren und wie so oft findet sich das Karge, Funktionelle des Bäuerlich-Ländlichen im Minimalistisch-Reduzierten des Modernen wieder. Genauso wie die Bauherrin keinen Widerspruch darin sieht, im örtlichen Trachtenverein aktiv zu sein und nach dem gemeinsamen Dirndl-Nähen zum Modeshooting nach Paris zu fliegen, so zeigen sich auch im Haus regionale Verwurzelung und Weltoffenheit. Der sich jeglicher Landhausromantik verweigernde schlichte Estrichboden wird im Essbereich durch eine roh wirkende Wand aus gestocktem Beton ergänzt – sachliche Einfachheit, die dem Lebensgefühl der Bauherren entspricht. »Den Estrich und den gestockten Beton sehen wir als steinerne Ergänzung der beiden betonierten Türme. Dem Element Stein steht das zweite zentrale Element des Hauses gegenüber: das Holz«, erklärt Architekt Helgo von Meier.

Der Luftraum entlang des »Rauchkuchls« öffnet sich auch zur Treppe hin. Vertikale (vom Kochbereich in den Himmel) und diagonale (von der Galerie im Obergeschoss ins Treppenhaus) Sichtachsen machen das Haus durchlässig, hell und luftig.

Stein gewordenes Heimatgefühl

»Es ist einfach wahnsinnig schön, jetzt so viel Raum zur Verfügung zu haben, so viel Offenheit und Weite. Das Haus schafft unglaubliche Bezüge zur Natur, es ist, als wäre man draußen und trotzdem gibt es auch Ecken, in die man sich gemütlich zurückziehen kann. Wir fühlen uns extrem wohl in dem Haus, weil hier unsere Heimat ist und wir trotzdem unser bisher gelebtes Leben gestalterisch mit einbringen konnten.« Die Bauherren

Mit den verschiebbaren großen Holzläden lassen sich unterschiedliche Lichtstimmungen zaubern. Sie dienen als Sichtschutz und zur Verschattung und schaffen je nach Bedarf offene Ausblicke oder gemütliche Geborgenheit. Der Kamin in der »steinernen Säule« sorgt in der kalten Jahreszeit für Behaglichkeit.

» Natürlichkeit und Reduktion waren uns sehr wichtig. Die alten Bauernhäuser kannten auch keine unnötigen Verzierungen oder synthetischen Werkstoffe.« Der einfache, monolithische Küchenblock aus heimischem Douglasienholz vor der steinernen Rauchkuchl bringt dies grafisch zum Ausdruck, die Synthese von Tradition und Moderne illustriert das Gamsgeweih an der Wand aus Sichtbeton, auf das die Bauherren beim Kochen blicken.

Arbeiten mit Alpenblick Im oberen Stockwerk befinden sich das Atelier der Fotografin, ihr Arbeitszimmer, ein Gästezimmer sowie das Schlafzimmer der Bauherren mit Ankleide. Obwohl dieser Bereich deutlich klarer zoniert ist als das Erdgeschoss, gibt es nur wenige Trennwände. Die räumliche Anmutung ist auch hier in Anlehnung an das Ein-Raum-Prinzip von Durchlässigkeit geprägt. Zum einen durch die vertikale Offenheit: giebelhoch nach oben, durch Lufträume nach unten. Wie auch auf der darunterliegenden Ebene dienen die eingefügten, senkrechten Betonkörper nicht nur als »Funktionsträger« für die Versorgung mit Wärme und Wasser, sondern auch als Raumteiler. Alle Bereiche können zum anderen durch Schiebetüren vollständig geschlossen werden, Schlafbereich, Ankleide und Bad sind lediglich durch Einbauschränke voneinander abgesetzt. Das großzügige Badezimmer verströmt mit seinem Holzboden, den weiß verputzten Wänden und dem Fenster eher die Atmosphäre eines gemütlichen Wohnraums als die einer funktionalen Nasszelle. Der eigentliche Nassbereich mit Badewanne und Dusche ist in den steinernen Kern integriert, Sichtbeton und weiße Mosaikfliesen setzen ihn auch materiell vom Rest des Raumes ab.

Nachhaltigkeit ist ein Prozess
»Nachhaltig ist, was sich weiter entwickeln kann. Eine stetige, liebevolle Auseinandersetzung mit den Bauherren, dem Ort und den spürbaren und zu errechnenden Einflüssen führen immer zu einer nachhaltigen Architektur. Beginnend mit dem gemeinsamen Entwurf als Vision sollten das Gebäude und seine Bewohner in einen fortwährenden Entwicklungsprozess eintreten, der nicht mit dem Ende der Bauarbeiten abgeschlossen sein darf. Besondere Aufmerksamkeit gilt dem Suchen und Forschen nach der richtigen Einfügung des Gebäudes in einen spezifischen Ort, dem Begreifen der Persönlichkeit und der individuellen Bedürfnisse der Menschen, für die man plant, sowie der Berücksichtigung der Umweltbedingungen wie Klima und Jahreszeitenwechsel.

Diese sensible Auseinandersetzung findet im Gebauten ihren Ausdruck und setzt sich im Idealfall dynamisch fort. So entsteht ein kultureller, inspirierender und damit nachhaltiger Beitrag für Bauherren und Gesellschaft.«
Der Architekt

Ein Haus auf Pfählen
Heimatverbunden und weltläufig

Der Freiraum zwischen Glasfront und Schiebeläden gestaltet einen fließenden Übergang von Innen nach Außen und schafft einen geschützten, schattigen Außenbereich.

Rechts oben: Architekt Helgo von Meier und die Bauherrin auf der Baustelle; Architekt und Bauherr packen persönlich mit an.

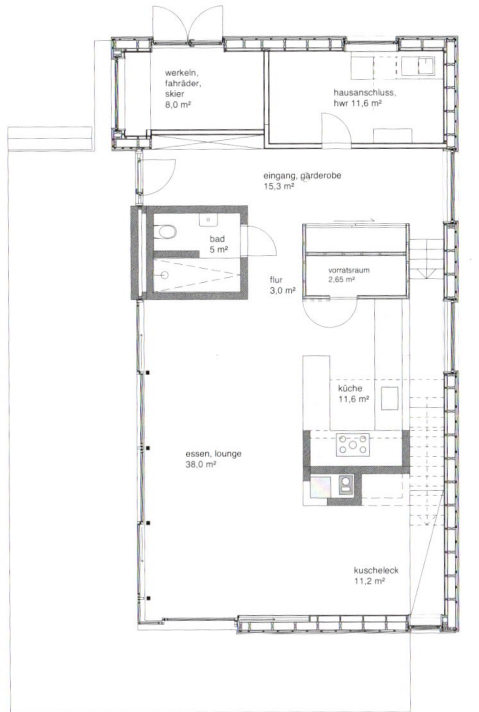

Erdgeschoss

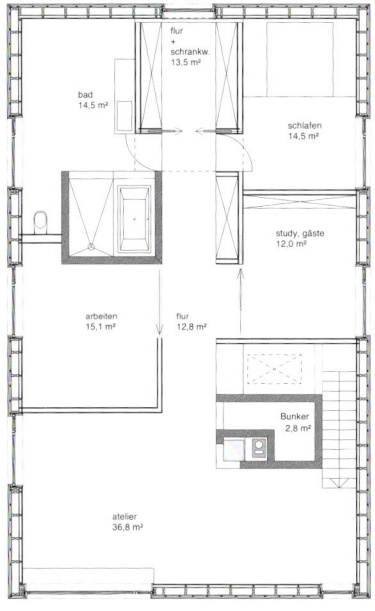

Obergeschoss

Baudaten

Standort Schliersee

Grundstücksfläche 1200 m²

Wohnfläche 203 m²

Nutzfläche 230 m²

Umbauter Raum (BRI) 1212 m³

Bauweise massive Betonkerne (Lastaufnahme Dach, Bäder, Küche, Feuerstellen), Holzbauweise (Vollholzdecken, Außenwände und Dach)

Energiekonzept Erdwärme über Sonden in Rammpfählen, ergänzende Holzfeuerung Kaminöfen, Niedertemperatur-Wandheizregister zur Strahlungswärmeverteilung im Haus

Baukosten keine Angaben

Gesamtkosten keine Angaben

Besonderheiten zeitgenössische Interpretation traditioneller Bauart

Architekten

VONMEIERMOHR Architekten

Helgo von Meier

An der Point 1, 86938 Schondorf

Tel: 08192 93 39 93 30, Fax: 08192 93 39 93 39

www.vonmeiermohr.de

Verwurzelt und abgehoben

Hier hatten schon die Eltern und Großeltern gelebt und hier,

in Chieming am Chiemsee, wollten sie ein Haus in der seit Jahrhunderten

gewachsenen bäuerlichen Bautradition der Region errichten.

Obwohl beide in München geboren und aufgewachsen sind,

verbrachten sie viele Sommer ihrer Kindheit in der ländlich-voralpinen

Idylle des Chiemgaus und entschlossen sich als verheiratetes Paar,

hier zu bauen.

Für den Bauherrn und seine Frau bedeutet Tradition nicht das starre Festhalten an Althergebrachtem, sondern das Weiterentwickeln kulturellen Reichtums. Lange überlegte der Bauherr, der sich als Innenarchitekt auch beruflich mit gestalterischen Fragen beschäftigt, wie diese Haltung in der Architektur seines Hauses zum Ausdruck kommen könne. Als Inspirationsquelle diente ihm ein Ausspruch des großen Baumeisters Adolf Loos: »Achte auf die Formen, in denen der Bauer baut, denn sie sind der Urväter Weisheit geronnene Substanz. Aber suche den Grund der Form auf. Haben die Fortschritte der Technik es möglich gemacht, die Form zu verbessern, so ist immer diese Verbesserung zu verwenden. Der Dreschflegel wird von der Dreschmaschine abgelöst.« Und so konzipierte er sein Haus modern und bodenständig zugleich.

Traditionelle Form, neueste Technik Die Idee: der Typus eines Chiemgauer Bauernhauses sollte zeitgemäß interpretiert und ökologisch nachhaltig im Passivhaus-Standard ausgeführt werden. Von Handwerkern aus der Region, mit natürlichen Materialien, in sorgfältiger Verarbeitung und auf dem neuesten Stand der technischen Möglichkeiten. Der niedrige Energieverbrauch war den Bauherren dabei genauso wichtig wie die Heimatverbundenheit des Baustils und ein modernes Wohngefühl. Angeregt durch das Wochenend- und Ferienhaus der Familie des Bauherrn in Inzell, einem Gehöft aus dem 14. Jahrhundert, gab es bereits viele Ideen. Seine Eltern

hatten den alten Hof zusammen mit einem Architekten in den 1970er-Jahren mit sehr viel Sachverstand und Gespür nahezu komplett neu aufgebaut. Der kluge, behutsame Umgang mit alter Bausubstanz und gewachsener Tradition hat den Bauherrn geprägt. Bei seinem »Traumhaus« sollte dies zum Tragen kommen. »Es galt, die Grundlagen des Vorbilds in die heutige räumliche Nutzbarkeit zu bringen und sie in Details und Ausarbeitung nicht folkloristischen Klischees auszuliefern, sondern feinfühlig zu interpretieren«, sagt er. Seine Frau und er waren sich einig: **》 Es darf auf keinen Fall jodeln wie beim Musikantenstadl.«**

»In großzügigen Räumen kann ich freier atmen, deshalb liebe ich besonders den Sitzplatz direkt vor dem großen ›Tennentor‹. Man sieht viel vom Himmel, blickt über die weite Landschaft und fühlt sich, als ob man draußen wäre.«

Ein Passivhaus mit Tradition
Verwurzelt und abgehoben

Alpen und Chiemsee zum Greifen nah Das attraktive Grundstück mit Berg- und Seeblick konnte sich die junge Familie mit zwei Kindern nur mithilfe des Einheimischenmodells leisten. Um Ortsansässigen zu ermöglichen, in ihrem Heimatort Baugrund zu erstehen, kaufen Kommunen Grundstücke und veräußern diese dann unter dem gängigen Marktwert an Einheimische. Besonders hier, in Pendlernähe zu München, wo die Nachfrage besonders hoch ist, ist dies für normal verdienende Familien oft der einzige Weg, an erschwingliches Bauland zu kommen. Nachdem sie einige Zeit in Chieming zur Miete gewohnt hatten, konnten sie hier ihr Chiemgauer Passivhaus realisieren, in einem Neubaugebiet am Ortsrand, nur wenige hundert Meter vom »Bayerischen Meer« und mit unverbautem Blick auf Wendelstein, Kampenwand und Loferer Steinberge.

Zur Straße hin gibt sich das Haus bäuerlich-konventionell. Vom modernen Passivhaus keine Spur. Stattdessen: kleine Fenster mit Läden und eine traditionell wirkende Holzfassade, die ihre gestalterischen Besonderheiten erst auf den zweiten Blick zu erkennen gibt: Die Latten sind ungleichmäßig breit und leicht voneinander abgesetzt, auf Höhe der Fensterreihe im Obergeschoss wurde die Holzverschalung ausgesetzt.

Bauernhof mit modernen Elementen In der äußeren Form unterscheidet sich der Neubau auf den ersten Blick tatsächlich kaum von einem traditionellen Bauernhaus. Er besteht aus einem gemauerten, weiß verputzten Sockelgeschoss mit Holzaufbau und einem weit überstehenden Satteldach. Ein schmaler, langer Holzbalkon auf der Südseite und Fensterläden mit Gratleisten ergänzen den alpinen Look. Der Gebäudekörper ist traditionsgemäß »geostet«, das heißt die Firstrichtung verläuft von Ost nach West, auf der West-, der Wetterseite, gibt es keinen Dachüberstand, um dem Wind keine Angriffsfläche zu bieten. Der früher üblichen Unterteilung des Hofgebäudes in einen Wohn- und Wirtschaftsbereich sowie in Stall und Scheune zollt das Haus durch die Fassadengestaltung Tribut. Auf der nach Osten gerichteten Straßenseite mit ihren zahlreichen kleinen, gleichmäßig verteilten Sprossenfenstern greift die Fassade die regionaltypische Unterteilung in weißen Putz unten und Holz oben auf. Allerdings hat der Bauherr-Architekt im Obergeschoss, auf Höhe der Fenster, einen Streifen weißen Putz in die Holzfassade eingefügt. Zudem hat er die horizontal angebrachten Tannenholz-Latten der Verkleidung ungleichmäßig breit fertigen lassen. Durch diese »Stilbrüche« erhält das Außenkleid des Hauses eine spielerische

Wenn alle Holzläden auf der Westseite, der Wetterseite, geschlossen sind, wirkt das Haus wie ein typisch bayerisches »Stadl«. Die sensorgesteuerten Läden dienen nicht nur als Sichtschutz. Vornehmlich sollen sie das Haus im Sommer vor Überhitzung schützen.

Nach allen Seiten offen und doch gemütlich: Der Sitzplatz am Kamin. Die einheitliche, zurückgenommene Farbgestaltung mit erdigen Naturtönen und viel Weiß bereitet dem farbsatten Szenario aus grünen Wiesen und blauem Himmel vorm »Tennentor« eine wirksame Bühne.

Ein Passivhaus mit Tradition
Verwurzelt und abgehoben

Leichtigkeit, ohne sich zu weit vom bäuerlichen Vorbild zu entfernen. Auf eine Umzäunung des Grundstücks haben die Bauherren übrigens verzichtet. Lediglich ein kleines, traditionelles »Bauerngartl« mit Lattenzaun definiert die Grenze zur Straße und liefert den Bewohnern – wie anno dazumal – frische Kräuter und Blumen.

Vom Stall zum Loft Der rückwärtige, zur freien Landschaft hingewandte Teil des Baukörpers verbreitert sich um drei Meter nach Süden, sodass vor dem Küchenbereich im Erdgeschoss ein geschützter Freisitz entsteht. Vollständig mit Holz verkleidet, erinnert er bewusst an Stall und Scheune, die meist direkt ins traditionelle Bauernhaus integriert sind. Hier ist die Schalung vertikal angebracht, was diesen hinteren

Leben, wo andere Urlaub machen
»Wir sind Stadtflüchtlinge, anfangs noch mit Skepsis meinerseits«, sagt die Bauherrin, »aber das dörfliche Leben und die Freiheit, in der die Kinder hier aufwachsen dürfen, ist einfach herrlich«, und ihr Mann fügt hinzu: »Unser Leben hier auf dem Land, zwischen Bergen und See, hat jeden Tag ein bisschen was von Wochenende und Ferien.«

Bereich zusätzlich vom vorderen Gebäudeteil abgesetzt. Anstelle eines Scheunentors hat der Architekt eine 4 Meter hohe Glasfront platziert, direkt darüber zitiert das Schlafzimmerfenster den Heubodenzugang. Fast alle Öffnungen auf dieser Seite sind durch große Holzschiebeläden verschließbar, sodass das Haus bei geschlossenen Läden mit seiner dann homogen flächigen Fassade von der Westseite aus tatsächlich aussieht wie ein typisch bayerisches »Stadl«. Die Läden ermöglichen zudem die Vollverschattung und Kühlung der Innenräume im Sommer, sämtliche Glasflächen sind dreifach verglast und optimal isoliert, um Wärmeverluste in der kalten Jahreszeit zu verhindern.

Modernes Loft mit rustikaler Note Die großzügigen Öffnungen nach Westen und Süden lassen erahnen, dass sich der Architekt im Innenbereich etwas weiter vom bäuerlichen Vorbild entfernt hat. Das verwundert wenig, denn die engen Stuben und Kammern des traditionellen Bauernhauses mit ihren niedrigen Decken und kleinen Fenstern entsprechen keineswegs dem modernen Wohngefühl, das der Bauherr als anspruchsvoller Innenarchitekt hier angestrebt hat. Offen, hell und großzügig sollte der Innenbereich sein. Die zahlreichen Fenster und großen Glasflächen waren dabei nur ein Gestaltungselement von vielen. Vor allem durch die Öffnung in die Vertikale sind im ganzen Haus besondere Raumqualitäten entstanden. Am deutlichsten ist dies im Wohnbereich spürbar. Mit einer Höhe von 4,30 Metern und dem gläsernen »Scheunentor«, das über die Geschossebene hinausragt und den Blick auf weite Felder und ein beeindruckendes Alpenpanorama freigibt, hat er eine ganz eigene

Links oben: Schlafgalerien und klug integrierter Stauraum lassen die Kinderzimmer größer wirken als sie sind. Der Treppenaufbau fungiert gleichzeitig als Schrank.

Familie Wagnerberger auf der Galerie im Wohnbereich – noch ist das ganze Haus eine Baustelle.

Blick von der Galerie in den Wohnraum, der mit einer Schiebetür von Ess- und Kochbereich abgetrennt werden kann. Auch hier zeigt sich klar die Symbiose von rustikalen Elementen und zeitgenössischem Design.

Atmosphäre. Die Galerie, die sich auf Höhe des Obergeschosses entlang der nördlichen Raumseite erstreckt und giebelhoch offen ist, tut das Ihre dazu, den Raum großzügig zu erweitern. Gleichzeitig strukturiert sie sein ungewöhnliches Volumen, sodass unterhalb der 13 Quadratmeter großen Galeriefläche ein geschützter Rückzugsbereich entsteht. Der räumliche Bezug zum Obergeschoss wird durch ein Fenster zur Treppe ergänzt, das Tageslicht ins Gebäudeinnere leitet. Der Übergang zu dem auf der Südseite angrenzenden Essbereich ist fließend. Bei Bedarf kann die »Tenne«, wie die Bauherren ihr Refugium nennen, durch eine 2,50 × 2,50 Meter große Schiebetür vom Essbereich abgetrennt werden.

Der Reichtum des Rustikalen

»Das Bäuerliche, das Ländliche eröffnet eine unglaubliche Vielfalt der Gestaltungsmöglichkeiten, die trotzdem einheitlich sind. Man muss sich mit dem Thema nur einmal eingehend befassen.« Der Bauherr

Stimmungsvolle Schattenspiele: Bewusst hat der Architekt die Latten des großen Holzladens mit schmalen Fugen montiert, sodass noch einzelne Sonnenstrahlen in den Raum fallen. »Ich wollte, dass man sich fühlt wie in einer alten Scheune«, sagt er.

Der Wohnraum mit Galerie: Die Söhne der Bauherren führen die alte Turnbank wieder ihrer ursprünglichen Nutzung zu. Die blaugrüne Wandfarbe spiegelt die Farbe des »Bayerischen Meeres« wider und verbindet gleichzeitig die verschiedenen Raumebenen.

Das Spiel mit den Ebenen Höhenversprünge definieren auch maßgeblich die Schlafräume im Obergeschoss. Das giebelhoch offene Elternschlafzimmer besteht vorwiegend aus einer um 1,70 Meter erhöhten Empore, an der entlang die Ankleide verläuft, die wiederum den Zugang zum elterlichen Bad erschließt. Die Empore schafft Platz für den direkt darunter befindlichen Luftraum des Wohnbereichs. Dieser erreicht dort, wo der Schlafraumeinschub endet und er sich vor der Galerie bis zum First öffnen kann, sogar die sensationelle Raumhöhe von 6,60 Metern. Auch die beiden Kinderzimmer – ebenfalls giebelhoch – verfügen über Schlafgalerien. Hier hat der Architekt geschickt die zum First hin ansteigende Deckenhöhe genutzt, um eine zweite Ebene zu schaffen. Die über verschiedene Geschosse verknüpften Raumstrukturen funktionieren auch im Untergeschoss.

Das Haus ist vollständig unterkellert, und neben Nutz-, Stau- und Vorratsräumen befindet sich hier ein rund 60 Quadratmeter großer, lichtdurchfluteter Raum. Zwei Lichtschächte, einer davon 9 Meter lang und 1,20 Meter breit, absturzgesichert durch eine Edelstahlnetz-Konstruktion, sowie raumhohe Fensterfronten bringen erstaunlich viel Helligkeit in den unterirdischen Raum, der allein durch seine Fläche so gar nicht an das erinnert, was man sich gemeinhin unter »Keller« vorstellt. Hier hat der Bauherr sein Planungsbüro untergebracht. Da das Untergeschoss dank einer Außentreppe über einen separaten Eingang verfügt, können private und gewerbliche Nutzung voneinander getrennt werden.

Ein Stück Chiemsee überm Sofa und bayerische Kühe an der Wand

Gerade weil die meisten Wände im Haus weiß verputzt sind, waren den Bauherren starke Farbakzente wichtig. Die Nordwand der »Tenne« erstrahlt sowohl auf der Wohn- als auch auf der Galerieebene in einem satten Blaugrün. Vor allem der See, aber auch der weiß-blaue bayerische Himmel und die saftigen grünen Wiesen, auf die man von hier blickt, sollten eine farbliche Entsprechung im Haus finden. Das glückliche Chiemgauer Milchvieh, das in Blickweite weidet, hat ebenfalls ein Pendant im Innenbereich gefunden, und zwar in Öl auf Leinwand. Den Boden im Wohnbereich bedeckt ein handgewebter Teppich aus Wollwalk, dessen Muster der Bauherr selbst entworfen hat. Der Teppich bezieht sich in Material und Design auf die Fleckerlteppiche in alten Bauernhäusern – eine weitere Verknüpfung von Bäuerlich-alt und Zeitgemäß-neu.

Kaum zu glauben, dass dies ein Kellerraum ist. Dank breiter Lichtschächte und großer Glasflächen fällt extrem viel Tageslicht in das geräumige Büro. Die filigrane (und trotzdem stabile) Absturzsicherung behindert den Lichteinfall im Gegensatz zu konventionellen Kellerschachtabdeckungen so gut wie gar nicht.

Fiat Lux! Der Architekt und sein Lichtkonzept

Als Innenarchitekt ist dieser Bauherr mit anspruchsvoller Lichtgestaltung bestens vertraut. Kein Wunder also, dass er bei seinem eigenen Haus nichts dem Zufall überließ: »Bei der Lichttechnik wollte ich trotz aller sonst vorherrschenden bäuerlichen Bodenständigkeit keinerlei Kompromisse machen. Lichtstimmungen sind für eine gehobene Wohnqualität von zentraler Bedeutung. Für mich war es sehr wichtig, bereits in der Vorplanungsphase ein ausgeklügeltes Beleuchtungssystem zu entwickeln. Ich liebe indirektes Licht und habe an verschiedenen Stellen verdeckte Lichtbänder platziert. Licht kann Raumgrenzen auflösen, Atmosphären schaffen, den Raum strukturieren, Oberflächen betonen. Durch gezielt gesetzte Akzente entstehen interessante Texturen. Und schließlich haben die Lichtobjekte selbst eine gestalterische Dimension. Ich habe versucht, die beiden Stilelemente ›modernes Design‹ und ›bäuerliche Tradition‹ auch bei den Leuchten zusammenzuführen. So kontrastieren im Essbereich die drei filigranen Hightech-Hängelampen eines italienischen Designers mit der uralten Bauernlampe an der Wand. Auch die Lichttemperaturen schaffen Kontraste: Die zeitgenössischen LED-Leuchten geben ein kühles, blaustichiges Licht, die alte Wandlampe mit ihren Glühbirnen steuert warmes, gelbes Licht bei.

Wir haben dank ausgeklügelter Technik überall im Haus die Möglichkeit, komplexe Lichtszenarien zu programmieren. Das ist für mich für ein perfektes Wohngefühl unabdinglich. Ich rate jedem, der bauen will, dringend, sich schon vor Baubeginn genau zu überlegen, welche Lichtführung gewünscht ist. Durch abgehängte Decken veränderte Raumhöhen müssen ebenso eingeplant werden wie Einbauhülsen für wandintegrierte Leuchten, schon beim Betonieren muss die Stromverteilung berücksichtigt werden. Nur so erreicht man am Ende eine wirklich gute Lichtgestaltung.«

Hobelbank, Kirchentür, Turnbank – das ungewöhnliche Möblierungskonzept

Eine circa 150 Jahre alte Hobelbank aus einer örtlichen Schreinerwerkstatt dient als Arbeitsfläche in der Küche, über dem Esstisch davor hängt eine riesige Designerleuchte aus Aluminium, die der Bauherr umgestaltet und neu interpretiert hat. Eine zeitgenössische Skulptur steht neben einer alten tibetischen Kornschaufel, eine handbemalte bäuerlich-bayerische Wandlampe hängt neben Halogen-Designer-Strahlern, eine von langjährigen, schweißtreibenden Leibesübungen deutlich mitgenommene Turnbank wird von modernen Sofas eingerahmt – das Konzept des Bauherrn-Architekten kommt auch in der Möblierung zum Ausdruck: ❯❯ Ich umgebe mich gerne mit Sachen, die eine Seele haben, denen man den natürlichen Alterungsprozess ansieht und die durch das Wohnen oder andere Nutzungen

Rustikale Atmosphäre selbst beim Geruch: Die Absturzsicherung im Treppenhaus ist aus unbearbeitetem Zirbelholz gefertigt. Noch jahrelang wird das Holz sein besonderes Aroma verströmen und dem Haus auch auf olfaktorischer Ebene eine ländliche Note verleihen. Einer alten Scheune entnommen ist die Holzverkleidung der Wandseite – Tanne aus der Region, wie die Außenfassade.

Ein Passivhaus mit Tradition
Verwurzelt und abgehoben

gelebt haben. Ich mag aber auch edles, modernes Design mit seinen oft glatten Oberflächen. Die geschickte Kombination macht's.«

Auch für die Möbel wurden verschiedene Wandnischen eingeplant: »Früher gab es in jeder bäuerlichen Stube ein »Wandschrankerl«, das ursprünglich zum Kühlen von Lebensmitteln gedacht war. Auch wir haben in der Stube jetzt so eine kleine Wandnische mit Holztürl. Und dann hatten meine Eltern einmal eine Eisentür gefunden, die bestimmt ein paar hundert Jahre alt ist und vermutlich von einer Kirche stammt. Sie selbst hatten keine Verwendung dafür, als Zimmertüre konnte man sie nicht verwenden, da sie zu niedrig ist, und so dient sie uns jetzt als Tür für unseren Geschirrschrank, der ebenfalls in einer Wandvertiefung untergebracht ist.«

Der Lieblingsplatz der Bauherrin: »Eigentlich gefällt mir jeder Ort im Haus, aber mein absoluter Lieblingsplatz ist das Schlafzimmer. Wenn ich hier oben auf unserer Empore liege, fühle ich mich völlig abgeschieden von der Welt. Es ist ein wunderbarer Rückzugs- und Schutzraum. Hier fühle ich mich absolut geborgen und kann wunderbar entspannen.«

Naturnah leben – umweltfreundlich bauen Neben dem umgesetzten Passivhausstandard mit Erdwärmenutzung als Energiekonzept wurden möglichst natürliche Materialien verwendet. Das Tannenholz für die Fassade, den Balkon und den Fußboden des Wohnraums wurde in einem nahegelegenen Bergwald zur richtigen Zeit, im Winter, geschlagen und im örtlichen Sägewerk weiterverarbeitet. »Wir nutzen die kurzen Wege einer regionalen Wertschöpfungskette, so wie es früher auch gemacht wurde«, sagt der Bauherr. Auch die Regenwasserzisterne für die Gartenbewässerung schont die Natur. Geplant war außerdem eine Dachbegrünung auf dem geneigten Garagendach, einerseits um die verbaute Fläche wieder als Ökosystem zu nutzen, andererseits um selten gewordenen Pflanzenarten aus dem alpinen Umfeld eine kleine Heimat zu geben. Leider scheiterte dieses Vorhaben an baurechtlichen Hürden.

Gemütliche Ecken bietet das Haus überall: Hier spielen die Söhne im Esszimmer.

Frühstücksraum im Freien: Der geschützte Terrassenbereich auf der Ostseite, zwischen Küche und Esszimmer, direkt unterm Holzbalkon, eignet sich hervorragend fürs morgendliche Familientreffen – zumindest in der warmen Jahreszeit.

Ein Passivhaus mit Tradition
Verwurzelt und abgehoben

Ein Kamerateam des Bayerischen
Fernsehens hat den Bauprozess begleitet.

Bauherr und Architekt zugleich:
Sebastian Wagnerberger mit seiner
Frau Doris

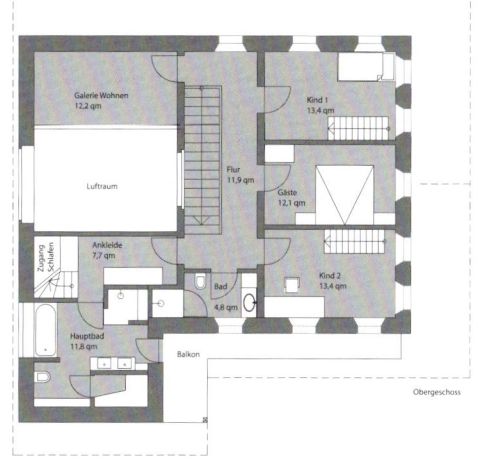

Obergeschoss

Erdgeschoss

Baudaten

Standort Chieming am Chiemsee

Grundstücksfläche 752 m²

Wohnfläche 235 m²

Nutzfläche 340 m²

Umbauter Raum (BRI) 1073 m³

Bauweise Mischbauweise

Keller: Beton mit 25 cm Perimeterdämmung,
EG: Wände in Porenbeton 50 cm
OG: Systemholzbau 50 cm

Energiekonzept Passivhaus, Wasser-Sole-
Wärmepumpe mit 6,2 kW max. Leistung,
gespeist über Tiefenbohrung 2 × 60 m tief,
für Brauchwasser-Erwärmung und Fußbodenheizung in Büro und Bädern, kontrollierte
Wohnraumlüftung mit Wärmerückgewinnung. Energiekennwert Heizung nach
PHPP 15 kWh/(m²a), Primärenergiekennwert
nach ENEV 26 kWh/(m²a)

Baukosten 445 000 €

Gesamtkosten keine Angaben

Besonderheiten traditionelle Bauform
zeitgemäß interpretiert, Haus zum Wohnen
und Arbeiten

Architekten

w. raum
Dipl.-Ing. Sebastian Wagnerberger
Lärchenweg 7, 83339 Chieming
Tel: 08664 9281 51, Fax: 08664 9281 52
www.wagnerberger.de

Ein Haus am Berg

Massiv und schwebend

Den Traum vom perfekten eigenen Haus träumt eigentlich fast jeder.
Doch nur wenige haben den Mut und die Kraft, ihren Traum auch
gegen Widerstände und trotz schwieriger Bedingungen durchzusetzen.
Dieses noch sehr junge Bauherrenpaar ließ sich weder von einem
engen Budget, den Zwängen des örtlichen Bebauungsplans noch
von der großen Skepsis ihrer Umgebung abschrecken.

Wohnen, wo andere Urlaub machen Lage, Lage, Lage: Die drei wichtigsten Kriterien für den Wert von Immobilien erfüllt dieses »Traumhaus« auf jeden Fall – und zwar mit Sternchen. Am Ortsrand des oberbayerischen Kur- und Ferienorts Bad Kohlgrub gelegen, direkt zu Füßen des Hörnle, in nächster Nähe zu den Wanderwegen, Loipen, Rodelbahnen und Pisten der Ammergauer Alpen und nur wenige Kilometer vom Staffelsee entfernt, ist das Haus schon allein aufgrund seines Standorts attraktiv. Er ermöglichte es dem jungen Bauherrenpaar auch, eine Einliegerwohnung für Urlaubsgäste einzuplanen. Sie soll bei der Finanzierung des ambitionierten Projekts helfen. Doch die Lage brachte auch Nachteile mit sich: Die Gemeinde erlaubt keine Abweichungen von der vorherrschenden ländlich-bäuerlichen Bauweise – oder dem, was sie sich darunter vorstellt. Moderne Architektur ist in der Region selten, hier herrscht noch das Primat von Satteldach und hellem Putz. Dass es dem Architekten gelungen ist, trotz strengster Auflagen ein modernes, offenes und nachhaltiges Gebäude zu entwickeln, macht dieses Projekt besonders interessant.

Zwischen Mainstream und Extrawurst Die Biotechnikerin und der Realschullehrer hatten sich schon einmal von einem Architekten ein Haus planen lassen. Doch am Ende kamen sie zu dem Schluss, dass der durchaus solide und ordentliche Entwurf nicht ihren Bedürfnissen genügte. Denn je mehr sie sich mit dem Thema auseinandersetzten, umso mehr wurde ihnen klar: wir wollen ein besonderes Haus mit ganz

besonderen Wohnqualitäten, individuell zugeschnitten auf uns und angepasst an die örtlichen Gegebenheiten wie Topografie und Bergpanorama. Sie lehnten den ersten Entwurf ab und versuchten es noch einmal. Diesmal mit Wolf Frey, einem Architekten aus Dießen am Ammersee, den sie über die »Architektouren« der Bayerischen Architektenkammer gefunden hatten (eine Veranstaltung im Rahmen des jährlich deutschlandweit stattfindenden »Tag der Architektur«, bei dem außergewöhnliche neue Bauten der Öffentlichkeit zugänglich gemacht werden).

Links oben: Vollverglaster Giebel, schwebendes Dach. Die in die Glasfront eingefügten, nach außen kippbaren Holzfenster ermöglichen eine gute Durchlüftung des Dachgeschosses.

Keine Angst vor Sichtbeton: Für die Bauherren sind die rohen, unverputzten Innenwände ein absoluter Wohlfühlfaktor.

Rechts: Das Haus »blickt« mit großen Glasfronten nach Süden, zum Berg.

Der Architekt als Magier oder »Ein Haus hebt ab« Er ließ sich durch das enge Korsett von Bebauungsplan und Ortsgestaltungssatzung nicht einengen, erfüllte sämtliche Vorgaben und löste sich trotzdem radikal vom immergleichen Einerlei der örtlichen Architektur. Seine Lösung: »Die Synthese aus traditioneller Bauform, explizit modernem Material verbunden mit einem nachhaltigen, einfachen Energiekonzept.«

Konkret sah das so aus: Das obligatorische Satteldach und die vorgegebenen Maße des Baukörpers (Höhe, Länge, Firstrichtung) übernahm er, verlieh jedoch seinem Entwurf durch die Kombination von Sichtbeton mit viel Glas eine ganz eigene Note. Den schwer und massig wirkenden Betonkubus hat er zum abfallenden Gelände hin auf eine Glasfuge gesetzt, die natürliches Licht ins Untergeschoss leitet und den wuchtigen Baukörper scheinbar vom Boden abheben lässt. Über ihm schwebt leicht und losgelöst das Satteldach. Neunzig Zentimeter trennen Traufe und Kniestock, entlang der dadurch entstandenen waagerechten Öffnungen verlaufen Glasbänder, die Giebel sind firsthoch voll verglast – das Dach kann fliegen! »Levitation« nennt man den Zaubertrick, mit dem Magier Menschen oder Gegenstände scheinbar zum Schweben bringen. Geschickter Umgang mit den Gesetzen der Schwerkraft und eine gut durchdachte Statik – das sind die Kunstgriffe von Wolf Frey. So stützte er das Dach entlang der Glasfronten mit zwölf schmalen, aber tragfähigen Stahlrohren ab, auch die Innenwände des Dachgeschosses haben eine tragende Funktion. Die 220 Tonnen Beton

Kitsch, Komödie und Jodelromantik

»Die Vorstellung mancher oberbayerischen Gemeinde, wie denn ein typisches Haus auszusehen hat, kann durchaus komödiantische Züge annehmen und gipfelt nicht selten in kitschiger Jodelromantik. Auch wir mussten einiges an Spott und Gelächter bei den zahlreichen Gemeinderatssitzungen über uns ergehen lassen. Trotzdem entspricht das Haus unserem Balanceakt zwischen Mainstream und Extrawurst.«
Der Bauherr

»Bei uns war schon immer nicht alles ganz normal: wir fahren rückwärts Ski, essen gerne Sushi, aber auch Schweinebraten und haben auf einem Berg geheiratet. Dieses Haus passt einfach zu uns und unserem Lebensstil.«
Die Bauherrin

des Baukörpers selbst sind natürlich ebenfalls ausreichend abgestützt, um die großen Öffnungen im Untergeschoss zu ermöglichen. Zauberei? Nein, aber effektvoll sind diese Konstruktionen allemal.

»Baue nicht malerisch!«: Ein massiver Betonquader als Hommage an die Berge

Einfachheit, Reduktion, Klarheit, Modernität. Das hatten sich die Bauherren gewünscht und das hat Frey umgesetzt, ohne den örtlichen Bezug zu vernachlässigen. Weit entfernt von Geranienbalkon, Schnitzwerk und Lüftlmalerei korrespondiert der rohe, felsige Betonmonolith dennoch mit seiner alpinen Umgebung. Das Dach bietet bei aller Offenheit Schutz vor den oft harten und schneereichen Wintern der Region, die zahlreichen Blickbeziehungen zum nahen, 1500 Meter hohen Hörnle-Massiv holen die Berge direkt ins Haus. Der weitgehende Verzicht auf Fensterrahmen und -bleche sowie die versteckten Dachrinnen und Fallrohre tragen zur abstrakten Wirkung des Baukörpers bei und lassen ihn ein wenig wie einen ins Tal gestürzten Felsbrocken aussehen.

»Baue nicht malerisch«, schrieb der Wiener Architekt Adolf Loos 1913 als wichtigsten Imperativ in seinen »Regeln für den, der in den Bergen baut«. Berglandschaften, so seine Überlegung, bieten selbst genug an dramatischer Schönheit. Je mehr sich die Architektur davor zurücknimmt, desto besser passt sie sich in die Umgebung ein.

Heidi wohnt hier nicht mehr

Der Reiz rustikaler Berghütten liegt – neben ihrer landschaftlichen Situierung – in ihrer Einfachheit und Schlichtheit, der weitgehenden Beschränkung auf ein einziges Material (Holz) mit ablesbarer handwerklicher Fertigung. **» Das Leben in den Bergen war immer hart, die Häuser mussten funktional sein, für Jodler-Dekor hatte niemand Sinn«,** sagt Wolf Frey.

Irrsinnig stolz auf das »greislige« Haus

»Als Kind habe ich oft über die in der Zeitschrift der Bausparkasse abgebildeten ungewöhnlichen Häuser gestaunt. Heute staune ich über mein eigenes Haus. Zum Beispiel darüber, wie fließend der Übergang von innen und außen ist und dass der Berg direkt an der Wohnzimmercouch vor dem Kaminfeuer endet.«
Der Bauherr

»Ich fühle mich überglücklich und bin irrsinnig stolz auf dieses tolle Projekt. Jedes Mal, wenn ich mich unserem Häuschen nähere, rast mein Herz vor Freude und ich kann noch gar nicht glauben, dass ich hier DAHOAM bin. Hoffentlich werden wir trotz dem ›greisligsten Haus von Kohlgrub‹ hier heimisch.«
Die Bauherrin

Ein Haus am Berg
Massiv und schwebend

Das »Haus am Berg« führt diese Ästhetik des Praktischen auch im Innenbereich fort. Die kraftvolle Wirkung der Sichtbetonwände mit der unverfälschten Optik ihres Herstellungsprozesses soll in Kontrast gesetzt werden mit dem fein gemaserten Lärchenholz der Fenster und Türen sowie den Bodendielen und Einbauten. Die stärker strapazierte Eingangs- und Küchenzone erhielt einen Boden aus geschliffenem und geöltem Estrich. Trotz der großen Öffnungen wirkt der Raum durch diese Materialität als bergende, schützende Hülle, beherrscht durch den spektakulären Bergblick. »Es bedarf keinerlei dekorativer Elemente«, meint Wolf Frey, »wenn die Wiesen im Sommer dann noch von Kühen beweidet werden, ist die Idylle perfekt. Ein Übermaß an Heidi-Süßlichkeit entsteht dennoch nicht.« Die Frage, ob Heidi, Alm-Öhi und Geissen-Peter, durchaus an ein karges Leben in rauer Bergwelt gewöhnt, das Haus nun gefallen würde oder nicht, bleibt unbeantwortet.

Ohne Rüschchen-Nachttischlampe und Häkeldecke
Kuschelige Gemütlichkeit hat für diese Bauherren nichts mit Spitzendeckchen und Zierkissen zu tun. Klare Linien, viel Raum, wenige Möbel, schlichte aber edle Materialien, wie der gebürstete Naturstein in den Bädern – das ist ihnen wichtig.

Der Stil der rund 70 Quadratmeter großen, in das Gebäude integrierten Ferienwohnung mit separatem Eingang folgt dem gleichen Gestaltungsprinzip wie der Rest

Einblick, Durchblick, Ausblick:
Die gefaltete Sichtbetontreppe im Koch- und Essbereich zeichnet sich vor der dahinterliegenden Bergwiese deutlich ab.

Noch nicht eingerichtet und doch kein Rohbau mehr: Der zentrale Raum des Hauses öffnet sich durch eine große Glasfront zum Berg und durch einen Luftraum zur Galerie im Obergeschoss. Auch hier bleiben die Wände wie sie sind: felsiger, unverputzter Beton.

des Hauses. Auch hier: Sichtbetonwände und Holzböden. Die geräumige Küche und den Ess- und Wohnbereich im Erdgeschoss sowie zwei Schlafräume und ein Bad im Untergeschoss wollen die Bauherren so einrichten, wie es ihnen selbst am besten gefällt: »Genauso einfach, modern und schlicht wie auch unsere eigene Wohneinheit aussehen soll – ohne Rüschchen-Nachttischlampe und Häkeldecke«, betont die Bauherrin. Auch auf Zirbelstuben-Romantik und Herrgottseck-Gemütlichkeit müssen die Urlaubsgäste verzichten.

Low Tech und bloß kein Styropor

»Low Tech war beim Thema Energie unser Motto«, sagen die Bauherren. Sie haben bewusst auf hochtechnisierte Heiz-, Be- und Entlüftungssysteme verzichtet. Dank guter Dämmung können sie sich beim Thema Wärmeenergie auf einen Holzofen mit Warmwassererwärmung und eine Gastherme beschränken. **»** Experten packen Häuser gerne dick in Styropor ein und kämpfen um neue U-Wert-Rekorde«, sagt der Bauherr, »wir dagegen lassen die Sonne durch die großen Fenster scheinen und setzen darauf, dass unser Betonwürfel mit seinen massiven Wänden die Wärme speichert.«

Ein bisschen moderne Technik durfte es aber schon sein: Die südseitige Dachhälfte erhielt über die gesamte Fläche bündig integrierte Photovoltaik-Module, die nicht nur elegant aussehen, sondern bei der sonnigen Höhenlage einen satten Ertrag liefern. Die Nordseite des Daches wurde mit handgespaltenen Holzschindeln gedeckt. Den ökologisch bewussten Bauherren war es wichtig, weitgehend auf synthetische Baustoffe zu verzichten: »Unser Traumhaus besteht (fast) nur aus natürlichen Materialien, die wenig Verpackungsmaterial (Abfall) verursachen: Beton, Glas, Holz, Stahl.«

Die Bauherren mit Architekt Wolf Frey auf dem Bauplatz zugleich »überglücklich« und »irrsinnig stolz« im (fast) fertigen Haus.

Dämmbeton – ein Beitrag zum Energiesparen

»Das monolithische Bauen mit Beton, der innen wie außen unverputzt und sichtbar bleiben soll und daher ohne zusätzliche Wärmedämmschichten auskommen muss, erfordert eine spezielle Betonrezeptur. Beton ist normalerweise schwer, kann Wärme gut leiten und speichern, ist aber entsprechend schlecht wärmedämmend. Ersetzt man Kies und Sand durch leichte Blähtonkügelchen, wie aus der Hydrokultur bekannt, erhält man Wärmedämmbeton mit Dämmeigenschaften, die dem von Vollholz ähneln. Durch die eindrucksvolle Wandstärke von 50 Zentimetern entsteht gleichzeitig eine große thermische Masse, die Klimaschwankungen ausgleicht. Speicherfähigkeit und Dämmeigenschaft sind ausgewogen. Auch kann Sonneneinstrahlung auf die Wand gespeichert und so die Wärmebilanz verbessert werden. Die ablesbare Einfachheit und Massivität der Wandkonstruktion besticht auch ästhetisch. Ich liebe dieses Material, mit dem ich hier Gestaltung, Ökonomie und Ökologie so stringent in Einklang bringen durfte.« **Der Architekt**

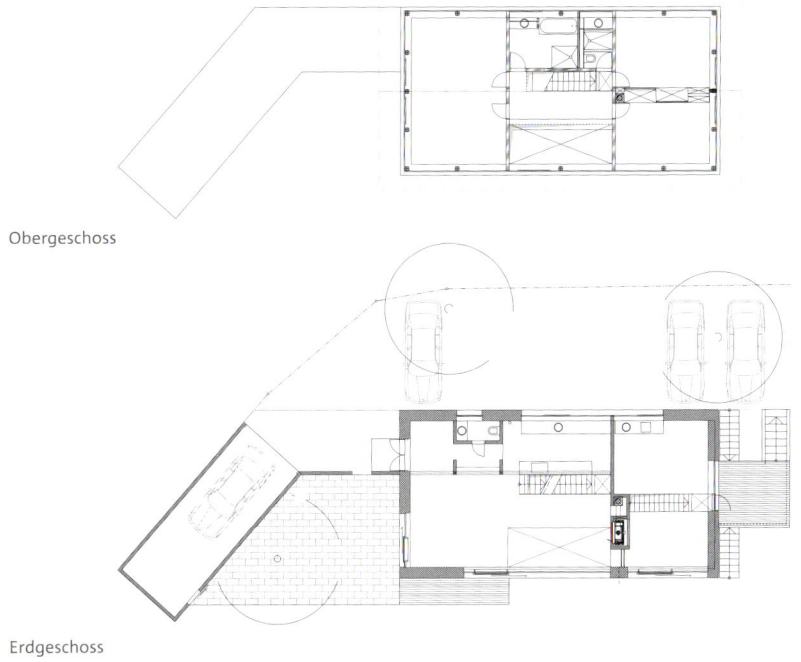

Obergeschoss

Erdgeschoss

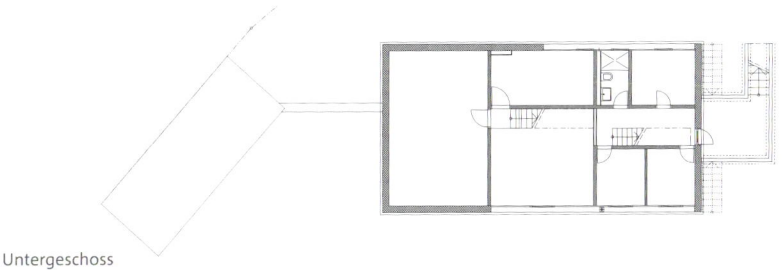

Untergeschoss

Der Reiz einer anspruchsvollen Bauaufgabe

»Architektonisch reizvoll war für mich an dieser Bauaufgabe die Herausforderung, ein maßgeschneidertes Haus gemäß den individuellen Wünschen der Bauherren zu entwerfen, es in den bayerischen Haus-Kodex und die Landschaft einzufügen, gleichzeitig aber eine energetisch schlüssige, ganzheitlich moderne Konzeption zu entwickeln.« Der Architekt

Baudaten

Standort Bad Kohlgrub am Staffelsee
Grundstücksfläche 850 m²
Wohnfläche 213 m²
Nutzfläche 44,7 m²
Umbauter Raum (BRI) 1236 m³
Bauweise Massivbau (einschalige Leichtbetonbauweise, Dach auf Stahlstützen als aufgedoppelte Dickholzkonstruktion)
Energiekonzept massive Leichtbetonkonstruktion als Wärmespeicher, große Dreifach-Südverglasung, Holzofen mit Wasserführung und Speicher, Fußbodenheizung, Photovoltaik
Baukosten 340 000 €
Gesamtkosten 380 000 €
Besonderheiten stark reduzierte Details durch Dämmbeton-Bauweise

Architekten

Wolf Frey
Moosstraße 14, 86911 Dießen
Tel: 08807 924 371, Fax: 08807 924 372
www.wolf-frey-architekt.de

Manchmal ist es besser, wenn Träume nicht in Erfüllung gehen. Zumindest merkt man oft erst, wenn man etwas bekommt, das man sich gewünscht hat, dass es doch nicht so ganz das ist, was man sich vorgestellt hatte. So erging es diesen Bauherren in Friedberg bei Augsburg mit ihrem ersten Haus. Das »Energiespar-Bauhaus« ist nämlich eine Art Traumhaus 2.0, die neue, überarbeitete und optimierte Version ihres Traums vom eigenen Haus.

Traumhaus Nummer eins Das (vermeintliche) Traumhaus Nummer eins hatte die junge Familie mit zwei kleinen Töchtern vor einigen Jahren von einem Bauträger gekauft. Erst nach einiger Zeit merkten sie, dass vieles aus ihrer Sicht nicht optimal gelöst war. Mit 155 Quadratmetern war die Wohn- und Nutzfläche der Doppelhaushälfte eigentlich großzügig bemessen. Die ungünstige Raumaufteilung über drei Etagen ließ die einzelnen Räume jedoch beengt wirken, viel Fläche verbrauchte allein die Erschließung, also Treppen und Flure. Der Ausblick auf die Nachbarbebauung verstärkte das Gefühl der Enge. Nicht hell und luftig genug, zu wenig großzügig fanden die Bauherren ihr Haus und sehnten sich zunehmend nach einer harmonischen, einheitlichen Gestaltung, nach Offenheit und klaren Linien. Hinzu kam der Wunsch nach mehr Energieeffizienz und Nachhaltigkeit. Schließlich fassten sie den Entschluss, ihrem Traum vom eigenen Haus eine zweite Chance zu geben und es noch mal zu versuchen – diesmal aber richtig!

Traumhaus da capo! Gewappnet mit genauen Vorstellungen, wie ihr Traumhaus Nummer zwei nun aussehen sollte, fanden sie ein ruhig gelegenes Eckgrundstück am Ortsrand von Friedberg und ein junges Architektenteam, das überzeugt war, gemeinsam ihre Wohnwünsche umsetzen zu können: Christian Fußner und Frank Kühne (Fußner | Kühne Architekten, Friedberg). **》 Gute Architektur ist, wenn sie für den**

Bauherren funktioniert«, sagt Christian Fußner und so nahmen sie sich viel Zeit, die individuellen Bedürfnisse der Familie genau herauszufinden und in Architektur zu übersetzen. Das Ergebnis: Ein Energiespar-Bauhaus, modern, hell, offen, großzügig, gestalterisch hochwertig und energieeffizient.

Angepasst an die örtlichen Gegebenheiten

Das Baugrundstück blickt nach Süden hin auf einen Grünstreifen mit dichtem Baumbestand, auf der Ostseite verläuft die Straße, nach Westen und Norden hin schließt sich die Nachbarbebauung an. Sinnvollerweise setzten die Architekten das zweistöckige Flachdachhaus an den Nordrand des Grundstücks und richteten es vollständig nach Süden aus, mit großen Öffnungen und Freisitzen auf beiden Etagen zum Garten hin und einer fast vollständigen Schließung nach Norden. Das Erdgeschoss ist durch Einschnitte für den Eingangsbereich im Nordosten sowie für den Terrassenbereich im Südwesten gegliedert. Das kleinere Obergeschoss ist nach Norden zurückgesetzt und lässt so Raum für einen großzügigen Außenbereich mit Blick ins Grüne. Von der Nachbarbebauung setzt sich das Haus deutlich ab, und zwar zwangsläufig. Neben Reihenhäuschen aus den Nachkriegsjahren und schmucken Einfamilienhäusern mit Satteldach, die bereits in den 1940er-Jahren entstanden sind, finden sich auch modernere Mehrfamilienhäuser, teilweise mit Pult- und Tonnendach. Hier eine gemeingültige Architektursprache zu

Ein Energiespar-Bauhaus
Großzügig und sparsam

finden und sich an ihr zu orientieren, war so gut wie unmöglich. Das Bauamt zeigte sich dann auch tolerant gegenüber diesem modernen Nachzügler: für das Flachdach wurde eigens eine Befreiung vom Bebauungsplan ausgesprochen.

Bauklötze staunen! Die verschiedenen Einschnitte, die Vor- und Rücksprünge verleihen dem Baukörper Spannung, ohne die Einheitlichkeit des Gesamteindrucks zu stören. Dazu trägt auch die geschickt in das Gebäude integrierte Doppelgarage bei. Sie schiebt sich von Norden unter den Riegel des Obergeschosses, der wiederum nach Osten und Westen auskragt. Der Einschnitt für den Eingangsbereich verläuft auf einer Linie mit dem Garagenblock und ist wie dieser mit dunkelgrauen Fassadenplatten verkleidet. Weder Garagentor noch Eingangstüre sind erkennbar abgesetzt. Vielmehr entsteht durch die Verblendung eine einheitliche Oberfläche aus horizontalen Platten, die den Erschließungsbereich ästhetisch aufwertet. Trotz ihrer Masse wirkt

Mit vier Freisitzen auf zwei Ebenen erweitert sich der Wohnraum im Sommer großzügig nach außen: Jedes der beiden Kinderzimmer im Obergeschoss verfügt über eine Dachterrasse, das Erdgeschoss öffnet sich zu einem geschützten Freisitz im Baukörpereinschnitt sowie zu einer mit Holz beplankten Terrasse auf der Südseite.

die Doppelgarage nicht wuchtig und fügt sich fließend in den Gebäudekorpus ein. Wenn man bedenkt, wie oft Garagen – und gerade Doppelgaragen – völlig bezugslos einfach vor oder neben Einfamilienhäuser platziert werden, wird die gestalterische Qualität dieses Entwurfs deutlich. Der Vorsprung über dem Eingang schafft einen geschützten Außenbereich und findet sein gestalterisches Pendant in dem diagonal gegenüberliegenden Terrasseneinschnitt. Dieser wird von einem über Eck auskragenden, die Linien des Baukörpers weiterführenden Rahmen eingefasst. Er betont die Einheitlichkeit des Hauses und fasst den immerhin 20 Quadratmeter großen Freisitz ein. Läuft man um das Gebäude herum, wirkt es wie ein Ensemble geschickt zusammengesetzter Bauklötze: Geometrische Teile schieben sich auf- und untereinander, springen vor und zurück, kragen aus und lassen Einschnitte entstehen.

Ein warmer Mantel fürs Haus
»Wärmedämmverbundsystem« ist der Fachausdruck für die außenseitige Wärmedämmung eines Gebäudes. Sie besteht aus drei Komponenten: dem Dämmstoff (bestehend aus EPS/Polystyrol, Holzfaser, Mineralwolle oder Mineralschaum), der Armierung (Spachtelmasse, Befestigung) sowie der Schlussbeschichtung (Außenputz). Bei nicht gedämmten Häusern gehen bis zu 40 Prozent der gesamten Heizenergie durch die Außenwände verloren. Somit leistet die effiziente Wärmedämmung einen wichtigen Beitrag zum Umweltschutz. Wie Barack Obama schon sagte: »Insulation is sexy«.

Ein reduzierter und trotzdem komplexer Baukörper: Die Südseite öffnet sich großzügig zur Sonne, zum Garten und zur gegenüberliegenden Natur.

Unterschiedliche Materialien setzen Akzente und betonen die spannende Geometrie. Hier sind es schwarzer Schiefer und weißer Putz.

Ein Energiespar-Bauhaus
Großzügig und sparsam

Unabhängig von fossilen Brennstoffen

Auf den ersten Blick ist dieses Haus der Alptraum jedes Energieplaners. Durch die komplexe Form entstehen viele Außenflächen, das sogenannte A/V-Verhältnis ist denkbar ungünstig. »A/V« beziffert das Verhältnis von Außenfläche zu beheiztem Gebäudevolumen. Zudem gibt es viele große Öffnungen – ein weiterer potentieller Energieverlustfaktor. Die Bauherren wollten aber keine simple Schuhschachtel mit Satteldach und kleinen Fenstern – und wünschten sich trotzdem hohe Energieeffizienz. **》 Wir wollten uns unabhängig machen von der unberechenbaren Preisentwicklung bei Öl und Gas, gleichzeitig etwas für die Umwelt tun, aber keinerlei Abstriche bei der Gestaltung akzeptieren«**, fasst der Bauherr die Aufgabenstellung an die Architekten zusammen.

Window kommt von »Windauge«

Die Architekten lösten das Problem, indem sie die Außenwände mit einer hochwirksamen Wärmedämmung versahen. Die Öffnungen wurden nach dem Lauf der Sonne ausgerichtet: wenige Fenster nach Norden und Osten, dafür eine fast vollständige Glasfront nach Süden im Erdgeschoss und zwei

große Glasflächen im Obergeschoss. Nach Westen öffnet sich das Haus mit vier raumhohen Glasscheiben und einem großen Fenster. So werden Energieverluste auf den ungünstigen Seiten vermieden, die passive Wärmegewinnung auf der Sonnenseite wird maximiert.

An heißen Sommertagen verhindern integrierte außenliegende Raffstores eine Überhitzung. Sämtliche Öffnungen sind mit Dreifach-Isolierglas ausgestattet. Obwohl also ein großer Anteil der Außenflächen aus Glas besteht, wird die Energieeffizienz nicht beeinträchtigt. Wärmeverluste durch zugige Fensterrahmen und dünne Glasscheiben gehören bei neuen Gebäuden der Vergangenheit an. Die Dreifachverglasung ist dabei natürlich teurer als die in der Regel ausgeführte Zweischeibenverglasung, die die Richtwerte der Energieeinsparverordnung durchaus erfüllt. Hier gilt jedoch, wie fast überall beim Thema Energieeffizienz: Die anfänglichen Mehrkosten amortisieren sich durch dauerhafte Energiekostenersparnis. Das gilt auch für die kontrollierte Wohnraumlüftung, die in die Ortbetondecke eingebaut ist. Durch Wärmetauscher kann die warme Abluft dazu genutzt werden, einströmende kalte Frischluft zu erwärmen (Wärmerückgewinnung). Durch die permanente Frischluftzufuhr gehören Schimmelprobleme der Vergangenheit an und Energieverluste durch eine falsche Fensterlüftung werden vermieden. Die hochwertige Dämmung hält den Energieverlust durch Wände und Fenster gering. Die wirklich drastischen Dämmungsprobleme unserer frühen Vorfahren scheinen zum Glück nur noch durch die Sprache auf: Das englische *window* kommt vom gotischen Wort *windauga* (Windauge).

Heizungswärme aus dem Garten »Bei der Suche nach einem effizienten Energiekonzept kamen wir schnell auf das Thema ›Wärmepumpe‹. Eine Luftwärmepumpe war uns zu uneffektiv, die Tiefenbohrung zu teuer. Da bot sich die Flächenheizung

Geothermie – Energie aus der Erde

Immer mehr umweltbewusste Bauherren setzen auf die Geothermie. Mit horizontal verlegten Erdkollektoren kann – anders als bei der Tiefenbohrung – schon ab einer Tiefe von 1 bis 1,50 Metern Erdwärme gewonnen werden. Dabei werden, ähnlich wie bei einer Fußbodenheizung, Kunststoffrohre mäanderförmig verlegt. Für kleine Gärten ist diese Technik jedoch nicht geeignet.

Mindestens das Doppelte der gesamten Wohnfläche sollte vorhanden sein. Durch die Rohre fließt ein Solegemisch, das von der Erdwärme auf circa 8 Grad temperiert wird. Diese Trägerflüssigkeit wird mithilfe einer Wärmepumpe auf 40 Grad erwärmt und für die Heizung verwendet. Obwohl die Wärmepumpe selbst Strom verbraucht, ist diese Methode durch die erneuerbare Energieressource »Erdwärme« ökologisch wertvoll und spart langfristig Geld.

Verbindung von Innen und Außen: Die markante Verblendung aus schwarzem Schiefer wird im Wohnraum fortgeführt. Sämtliche Terrassenflächen sind mit Ipe (Brasilianischer Nussbaum), einer besonders langlebigen und strapazierfähigen Tropenholzart belegt. Das verwendete Holz stammt aus nachhaltiger Forstwirtschaft.

Links: Der Einschnitt in den Baukörper schafft Raum für einen geschützten Terrassenbereich auf der Westseite. Dieser wird von einem über Eck auskragenden, die Linien des Baukörpers weiterführenden Rahmen eingefasst.

mit Erdwärmekollektoren an – unser Garten ist dafür groß genug. Außerdem konnte ich da als Bauherr beim Verlegen der Schläuche Eigenleistung einbringen.«
Im Garten des Energiesparbauhauses haben Bauherr und Architekten eigenhändig insgesamt 1200 Meter Rohre auf einer Fläche von fast 400 Quadratmetern verlegt. Mit der Geothermie erhielt das Haus ein nachhaltiges Heizsystem. Als zusätzliche Wärmequelle hat das »Energiesparbauhaus« einen Kaminofen, der mit dem erneuerbaren Rohstoff Holz befeuert wird.

Nachhaltigkeit ist schön! Architektonische Qualität und Energieeffizienz sind kein Widerspruch. Und so ist neben seiner Umweltfreundlichkeit auch die gestalterische und materielle Hochwertigkeit dieses Hauses ein Aspekt seiner Nachhaltigkeit. Ein Traumhaus Nummer drei ist nämlich nicht geplant. **❯❯ Die verwendeten Materialien sollen nicht nur lange halten, sondern uns auch noch in 20, 30 Jahren gefallen«**, sagen die Bauherren. Das Gleiche gilt für die kubische Form des Hauses,

Ein Energiespar-Bauhaus
Großzügig und sparsam

Wohlfühlfaktor Architektur
»Das Wohnen in unserem Traumhaus hat unsere gesamte Lebensqualität maßgeblich verbessert. Wir fühlen uns einfach unglaublich wohl hier. Es ist frappierend, wie sehr Architektur die Stimmung beeinflussen kann. Dass uns das Haus gestalterisch perfekt gefallen würde, wussten wir ja schon vor dem Einzug. Aber erst seit wir drin wohnen, können wir seine Wohnqualitäten, die räumlichen Vorzüge, die Lichtstimmungen, das Raumklima, die Ausblicke, voll ermessen. Es ist einfach traumhaft!« Die Bauherren

seine klaren Strukturen. »Wir wollten allzu Modisches meiden«, erzählen sie. »Dieses Haus ist in seiner Anmutung eher zeitlos klassisch.« Und das wird, davon sind auch die Architekten überzeugt, für eine lange ästhetische Halbwertzeit sorgen.

Vom Glück der perfekt platzierten Steckdose ›› Nicht nur das Gesamt-

konzept stimmt«, schwärmen die Bauherren. »Es sind vor allem die unzähligen Einzelaspekte, die exakt auf unsere Bedürfnisse zugeschnitten sind. Jedes Fenster, jede Steckdose, jedes Detail ist genauso, wie wir es uns gewünscht haben und das ist einfach ein tolles Gefühl.« Wir haben uns lange Gedanken über das ideale Innenraumkonzept gemacht. Meine Frau und ich wollten einen eigenen Wohn- und Schlafbereich im Erdgeschoss, alles auf einer Ebene. Die Mädchen sollten oben ihr eigenes Reich haben mit ihren eigenen Dachterrassen und einem großen Badezimmer.«

Und so geschah es. Im 60 Quadratmeter großen, offenen Koch-/Ess- und Wohnbereich im Erdgeschoss findet das Familienleben statt. Die Eltern haben einen Rückzugs-bereich mit Schlafzimmer, Ankleide und Bad. In der oberen Etage sind neben den bei-den geräumigen Kinderzimmern und einem großen Bad mit Wanne und Dusche das Arbeitszimmer des Vaters und ein Gästezimmer untergebracht. Noch sind die Kinder

Der großzügige Hauptraum mit Koch-, Ess- und Wohnbereich bietet viel Platz fürs Familienleben. Öffnungen auf drei Seiten machen ihn licht und hell und lassen ihn noch größer wirken, als er ist.

Trotz seiner Größe und Offenheit bietet der Wohnbereich auch ein gemütliches Kuscheleck als Rückzugsraum: Die Bank neben dem Grundofen ist mit dem gleichen Material verputzt wie die Wände im Bad und im Kochbereich, mit dunkelgrauem Betonputz.

Auch die beiden Kinderzimmer im Obergeschoss öffnen sich durch große Glasflächen nach Süden.

Im Elternbad findet sich der schwarze Schiefer wieder. Es wurden bewusst keine Fliesen verwendet. Die Wände sind stattdessen mit einem gespachtelten, wasserabweisenden und einheitlichen Betonputz beschichtet.

klein, doch in einigen Jahren werden Teenager und Eltern froh sein, gelegentlich Abstand nehmen zu können. Und sind die Kinder einmal aus dem Haus, besteht die Möglichkeit, das Obergeschoss separat zu nutzen, etwa durch Vermietung, während die Eltern im Erdgeschoss ohne lästiges Treppensteigen und barrierefrei ihr Alter verbringen können. Auch das ist Nachhaltigkeit: Variable Nutzungsmöglichkeiten, die die sich im Laufe eines Lebens ändernden Bedürfnisse berücksichtigen. In diesem Sinne hat sich die ältere Tochter (7) bereits das der Treppe am nächsten liegende Zimmer ausgesucht, damit sie als Teenager auch gelegentlich unbemerkt später nach Hause kommen kann.

Materialkontraste: Dunkle Gesteinsplitter und weißer Mörtel
Der gemauerte, weiß verputzte Grundofen mit integrierter Sitzbank ist das architektonische Schmuckstück des großen Raums im Erdgeschoss. Er gliedert den aufgeweiteten Bereich zwischen Vorratskammer im Osten und der Rückwand der Ankleide im Westen. So entsteht zum einen mehr Gemütlichkeit auf der Bank neben dem Kamin, zum anderen wirkt die Sitzecke mit dem großen Sofa geschützter und intimer. Innen- und Außenraum werden hier mithilfe einer durchgehenden Verblendung aus schwarzem Schiefer optisch verbunden. Der schwarze Schiefer findet sich im Elternbad wieder, wo er den Wannenbereich akzentuiert und den wasserabweisenden dunkelgrauen Putz aus gespacheltem Beton ergänzt. Mit demselben mineralischen, widerstandsfähigen und sehr natürlich wirkenden Material sind auch die Wand des Küchenbereichs sowie die Ofensitzbank verputzt. Dritter im Bunde ist schließlich der schwarze gebürstete Granit, aus dem die Arbeitsplatte des Küchenblocks gefertigt ist. Schiefer,

Natursteinputz und Granit setzen mit ihren dunklen, teilweise rauen Oberflächen reizvolle Kontraste zu den glatten, weiß verputzten Wänden und lockern zusammen mit dem Parkettboden aus Eiche die moderne Strenge der Räume auf. Besonders im geräumigen Familienbereich im Erdgeschoss wirken diese optischen Kontrapunkte wohltuend strukturierend. Die Bauherrin, zurzeit wegen der Kinder nicht berufstätig, liebt ihre neue Küche heiß und innig: **»** **Im alten Haus fühlte ich mich in der kleinen Küche oft isoliert und vom Geschehen im Wohnzimmer abgeschnitten.«** Außerdem war der Arbeitsraum sehr beengt. »Jetzt genieße ich auch beim Kochen die Weite des großen Raums und die großzügigen Ausblicke nach draußen. Es ist so viel kommunikativer, man sieht sich und kann miteinander reden, auch wenn die Kinder zum Beispiel schon am Tisch sitzen und ich mit dem Kochen noch nicht

ganz fertig bin. Umgekehrt ist es natürlich auch schön, wenn ich mich gemütlich vom Sofa aus mit meinem Mann unterhalten kann, während er mir eine Tasse Kaffee kocht«, fügt sie schmunzelnd hinzu.

Gefühlte Unendlichkeit Überhaupt: Die Ausblicke! Fenster und Glasflächen auf drei Seiten sowie Austritte zu zwei großen Terrassen kann der Familienraum aufbieten. Diese Öffnungen nach außen, die über ein Drittel der gesamten Wandfläche einnehmen, machen aus den realen 60 Quadratmetern gefühlte 100 und tragen wesentlich zur hohen Raumqualität bei. Die insgesamt 60 Quadratmeter Terrassenfläche (inklusive der Freisitze der beiden Kinderzimmer im Obergeschoss) sind mit Ipe (Brasilianischer Nussbaum), einer besonders langlebigen und strapazierfähigen Tropenholzart belegt. Das verwendete Holz stammt aus nachhaltiger Forstwirtschaft und ist FSC-zertifiziert. Kiesbeete auf der Ost- und Südseite sowie eine Begrenzung aus Gabionenkörben zum Nachbargrundstück auf der Westseite betonen die klare, reduzierte Gartengestaltung, die durch Ziergehölze eine fast japanische Anmutung erhält. Die Zurückgenommenheit des Außenbereichs mit seiner großen Rasenfläche im Garten (die nicht zuletzt den flächig verlegten Erdwärmerohren geschuldet ist) und dem schlichten Pflaster-Belag aus Betonsteinen im Eingangsbereich gewährt der klaren Geometrie der Architektur die Bühne, die sie verdient.

Ein Energiespar-Bauhaus
Großzügig und sparsam

Eingangsbereich und Garagenzufahrt sind reduziert und klar gestaltet. Die Verblendung aus dunklen, horizontal montierten Fassadenplatten schafft Einheitlichkeit.

Die Bauherrin besucht mit den Kindern
die Baustelle: Da war's noch ein langer
Weg bis zum fertigen Traumhaus.

Die Architekten Frank Kühne und
Christian Fußner mit dem Bauherrn

Baudaten

Standort Friedberg bei Augsburg
Grundstücksfläche 670 m²
Wohnfläche 197 m² (ohne Terrassen)
Nutzfläche 180 m² (Keller und Garage)
Umbauter Raum (BRI) 1390 m³
Bauweise Massivbau (Stahlbeton,
Wärmedämmverbundsystem, Ziegel)
Energiekonzept Erdwarme, kontrollierte
Wohnraumlüftung
Baukosten keine Angaben
Gesamtkosten 450 000 €

Architekten

fußner | kühne architekten
Christian Fußner und Frank Kühne
Zeppelinstraße 19, 86316 Friedberg
Tel: 0821 47 09 590, Fax: 0821 47 09 591
www.fussner-kuehne-architekten.de

Erdgeschoss

Obergeschoss

Auch bei diesem Haus in Zirndorf bei Nürnberg sind Wohnträume
wahr geworden. Den Bauherren gefällt jedes Detail an ihrem
neuen Zuhause – und doch hat jeder seinen ganz besonderen,
persönlichen Lieblingsplatz. Für die Bauherrin ist es die freistehende
Badewanne mit Blick in die Landschaft, der Bauherr genießt es,
im großen, offenen Wohnbereich richtig laut Musik hören zu können
und der kleine Sohn der beiden tobt am liebsten durch sein neues,
geräumiges Zimmer.

Baden, Musik hören, spielen Aber auch kochen, essen, arbeiten, schlafen, lesen, saunieren oder einfach nur wohnen: Die Bauherren genießen jeden Moment in ihrem Traumhaus, das ihr Lebensgefühl perfekt zum Ausdruck bringt. Was sie wollten, wussten sie von Anfang an ganz genau: »ein kubisches, schlichtes, geradliniges, kantiges, nüchternes, modernes Haus, mit Ideen des Bauhausstils verbunden. Viel Glas, Beton und Holz. Große Fensterfronten. Einen großen offenen Raum zum Leben. Klare private Bereiche sowohl für die Eltern als auch für die Kinder. Ein großzügiges Wohnbad mit Sauna für Erholung, Entspannung und Wellness.«

Große Freiheit – weites Feld Ausgangspunkt dieses Traums vom Haus war ein ganz besonderes Grundstück im Heimatort der Bauherren. Gelegen am Ortsrand, mit sanftem Gefälle und Blick über weite Felder und Wiesen bis nach Nürnberg. »Schon viele Jahre zuvor sind wir mit unserem Hund über die Wiese spaziert«, erzählen sie, »und dachten damals schon, wenn hier mal Baugebiet entsteht, wäre dies unser Grundstück. Die Erschließung des Areals stand aber zu diesem Zeitpunkt noch weit in den Sternen. Wir haben uns zahlreiche Grundstücke in Zirndorf angeguckt, weil wir unbedingt hier bleiben wollten, haben aber kein vergleichbares gefunden, das uns für

Die Gesamtenergiebilanz eines Neubaus umfasst nicht nur den Verbrauch von Strom, Öl oder Gas im täglichen Betrieb. Der Energieaufwand für Herstellung, Verpackung und Transport der Baustoffe ist ebenso relevant wie der Energie- und Rohstoffeinsatz beim Bauerhalt. Bei einer ganzheitlichen Betrachtungsweise wird sogar die Umweltverträglichkeit des möglichen Abbaus mit eingerechnet. Niemand, der baut, denkt gerne daran, dass sein Haus vielleicht in 60, 70 Jahren auch wieder abgerissen werden könnte. So wie heute viele Erben die kleinen Siedlungshäuschen ihrer Eltern abreißen oder zumindest energetisch sanieren und erweitern, so werden die Traumhäuser von heute – obwohl vorausschauend und nachhaltig gebaut – morgen vielleicht nicht mehr zeitgemäß sein. Sind die verbauten Rohstoffe recycelbar? Können Bauteile aus wertvollen Metallen wie Kupferrohre leicht demontiert werden? Wurde es vermieden, biologisch nicht abbaubare Materialien wie Kunststoffe zu verwenden? All diese Fragen sind beim nachhaltigen Bauen unerlässlich.

unser Traumhaus inspiriert hat.« Als das Traumgelände schließlich zu Bauland wurde, hatte es noch einen entscheidenden Vorteil: Der Bebauungsplan sah eine zeitgemäße Architektur vor, Flachdächer waren nicht nur erlaubt, sondern sogar erwünscht.

Passivhaus oder nicht? Da sie nicht nur gestalterisch, sondern auch energetisch anspruchsvoll bauen wollten, suchten sie sich für die Planung des Öko-Traumhauses eine Fachfrau: die Architektin und Baubiologin Dagmar Pemsel vom Nürnberger Büro [dp] architektur-baubiologie. »Die Herausforderung bei diesem Projekt war für mich die Gratwanderung zwischen anspruchsvoller Architektur, Gestaltung und energiesparender und ökologischer Bauweise«, sagt Dagmar Pemsel. Angestrebt hatte sie zunächst ein Passivhaus. Im Laufe der Planung stellte sich jedoch heraus, dass die strengen Kriterien des Passivhausstandards nicht ganz mit dem hohen architektonischen Anspruch von Architektin und Bauherren vereinbar waren.

Schönheit und Sparsamkeit Der attraktive, unverbaute Ausblick in die Natur auf der Nordseite war den Bauherren genauso wichtig wie eine komplexe Gebäudeform. Große Glasflächen nach Norden sowie Einschnitte, Rück- und Vorsprünge oder Auskragungen sind jedoch energetisch ungünstig. Am besten lässt sich Wärme in einem möglichst einfachen Baukörper mit wenigen, kleinen Öffnungen halten. Allerdings bieten bauliche Neuerungen wie Dreifachverglasung und verbesserte Dämmungsmaßnahmen gute Möglichkeiten, Energieverlusten entgegenzuwirken. Wie auch beim »Energiespar-Bauhaus« (siehe S. 84) ließ sich so hohe Energieeffizienz

Ein Betonbügel umfasst den Einschnitt in den Baukörper und führt – genau wie beim »Energiespar-Bauhaus« – dessen Umrisse fort. Hier befindet sich die eingeschnittene, über 40 Quadratmeter große Terrasse allerdings im Obergeschoss.

Die Bauherren haben bekommen, was sie sich gewünscht haben: »Ein kubisches, schlichtes, geradliniges, kantiges, nüchternes, modernes Haus, mit Ideen des Bauhausstils verbunden.«

Ein Ökohaus mit Ecken und Kanten
Modern und naturverbunden

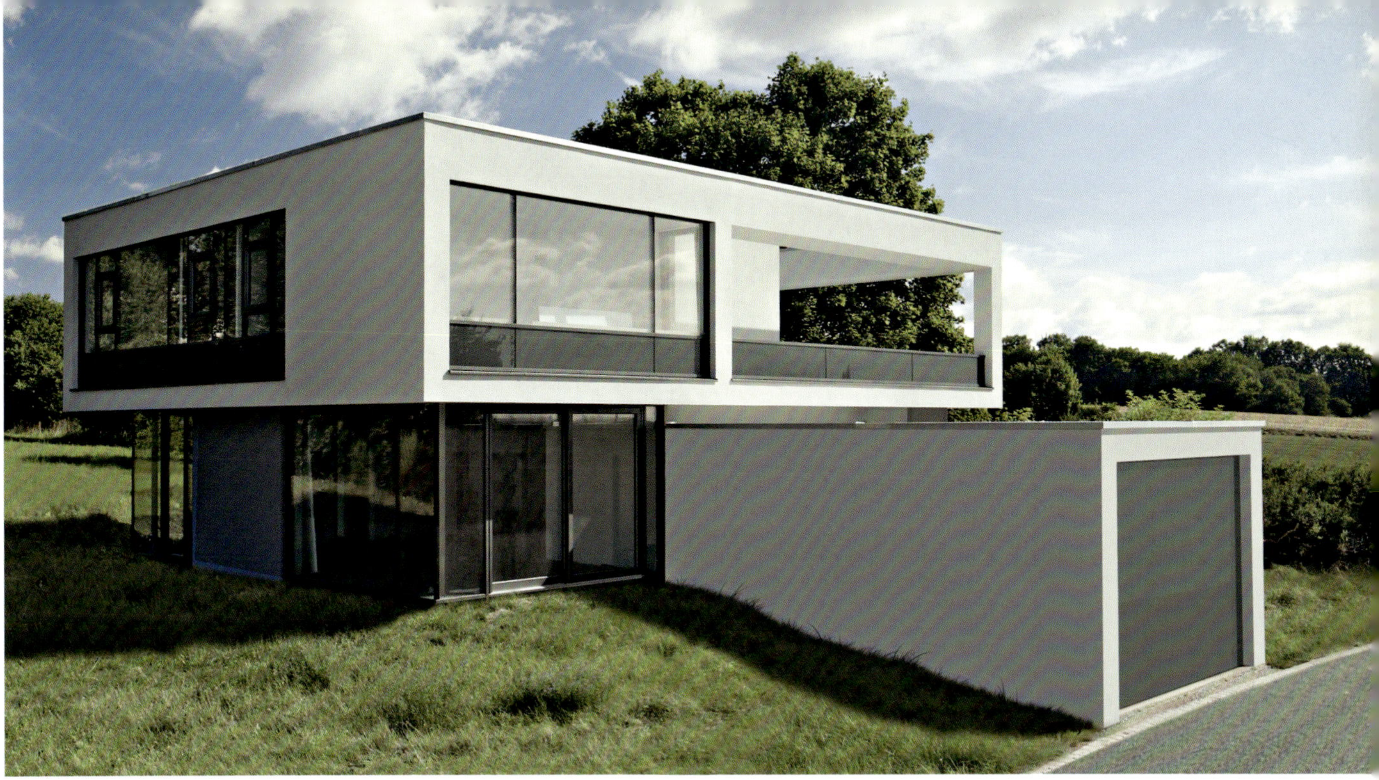

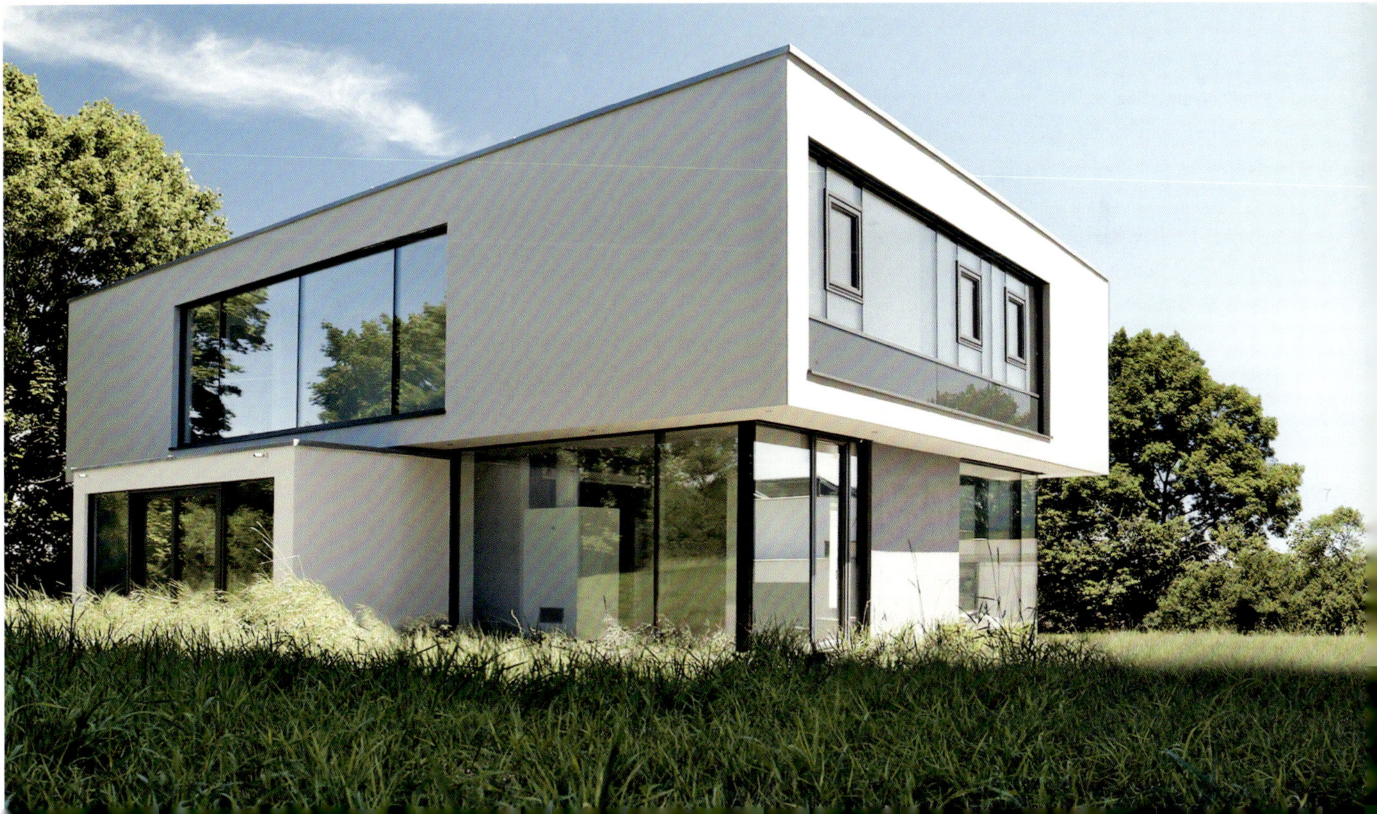

mit einem plastisch geformten Baukörper vereinbaren. Dank der zweischaligen Sichtbetonwände mit Kerndämmung im Erdgeschoss, Holztafelbauweise im Obergeschoss, einer extensiven Dachbegrünung und Dreifachverglasung aller Glasflächen ist das Gebäude optimal isoliert.

Nicht mit Reizen sondern beim Heizen geizen

Statt des Passivhausstandards mit 15 kWh/(m²a) schafft das Haus immerhin einen Heizenergiebedarf von nur 18 kWh/(m²a), der Durchschnittsverbrauch bei Einfamilienhäusern liegt in Deutschland bei circa 170 kWh/(m²a). Das ausgeklügelte Energiekonzept umfasst eine Solaranlage mit 10 Quadratmetern Flachkollektoren auf dem Dach, einen Schichtenspeicher für Warm- und Heizungswasser, eine Luft-Wärmepumpe, eine kontrollierte Wohnraumlüftung sowie einen Kamin mit Wassertaschen. Aufgrund der guten Dämmung stellt nicht die Heizenergie, sondern die Bereitstellung von Warmwasser den höchsten Energiebedarf des Hauses dar, daher ist ein effizientes Brauchwassersystem hier von großer Bedeutung. Dies wird über die Solaranlage, die 70 Prozent der Warmwasserversorgung abdeckt, und zusätzlich über den Kaminofen mit Wassertasche erreicht.

Ein Ökohaus mit Ecken und Kanten
Modern und naturverbunden

Viel mehr als acht Ecken und Kanten

Ein Quader, durch den ein Riegel geschoben ist und auf dem ein größerer Quader ruht. Hinzu kommt ein Einschnitt in den oberen Quader auf der Südostseite. Dadurch hat das Haus nicht acht, sondern 42 »Ecken« – eine spannungsvolle Struktur, die trotz der strengen, klaren Form ganz unterschiedliche Ansichten bietet. Auf der Südseite, zur Straße hin, schiebt sich der Riegel um ganze 7,50 Meter aus dem Gebäuderumpf heraus. Er beherbergt eine Doppelgarage. Auf der Nordseite, wo er 2,80 Meter weit in den Garten ragt, ist das Arbeitszimmer der Bauherrin untergebracht. Dazwischen: Unendliche Wohn-Weiten, 113 Quadratmeter purer Raumluxus mit Ess- und Wohnbereich auf Ost- und Westseite und einem großen Küchenblock in der Mitte, dazu Flur, Treppe, Speisekammer, Dusche und Windfang. Durch die raumhohen Glasflächen auf allen vier Seiten (60 Prozent der Erdgeschossfassade sind aus Glas) erweitert sich der Raum optisch nach außen und wirkt mindestens doppelt so groß wie er ist.

Links: Auch die Erschließungsbereiche im Obergeschoss zeichnen sich durch hohe Raumqualität und interessante Blickachsen aus.

Bauen für die Umwelt – Leben mit der Natur: Im Erdgeschoss ist eine schier unendliche Wohnlandschaft entstanden, die sich auf drei Seiten in den umgebenden Naturraum öffnet.

Stuhl, Tisch, Raum, Punkt Der einheitliche Bodenbelag aus geräuchertem Eichenparkett sowie die spärliche Möblierung tun das Ihre, um Weite und Großzügigkeit entstehen zu lassen. Interessante Akzente setzen die Sichtbetonwände auf Ost- und Westseite sowie ein ausgeklügeltes Beleuchtungssystem mit in die Decke integrierten Leuchten und verdeckten Lichtbändern entlang der Raumkanten. Für dieses Haus gilt: weniger ist mehr – zumindest was die Quantität von Möblierung, Ausstattung und Dekoration betrifft. Bei der Wohnfläche wurde mit insgesamt 250 Quadratmetern nicht gekleckert, sondern im wahrsten Sinne des Wortes geklotzt. Das Raumprogramm im oberen »Klotz« beziehungsweise Quader, wo sich Schlafräume, Bäder und das Arbeitszimmer des Bauherrn befinden, ist kleinteiliger, intimer und kontrastiert wohltuend mit der extremen Offenheit des Erdgeschosses. Hier kann man sich zurückziehen und entspannen, etwa im hellen Wohnbad mit Sauna oder auf der 42 Quadratmeter großen Dachterrasse.

Chillen mit Skyline ❯❯ Wir wollten schon immer eine große Dachterrasse haben, mit Blick auf die Stadtsilhouette von Nürnberg«, sagen die Bauherren. Der Terrasseneinschnitt im Obergeschoss ist so platziert, dass der Nürnberger Fernsehturm im Zentrum des grandiosen Panoramas steht, das sich von hier entfaltet. Dank der Hanglage und der nach Südosten unverbauten Umgebung blickt man von hier kilometerweit ins Land.

Architektin Dagmar Pemsel mit den Bauherren

Obwohl das große, fast komplett offene Erdgeschoss bereits rundum verglast ist, sorgte die Architektin dafür, dass hier, wo sich ausnahmsweise ein Stück Wand befindet, Tageslicht aus dem Obergeschoss einfallen kann.

Ein Ökohaus mit Ecken und Kanten
Modern und naturverbunden

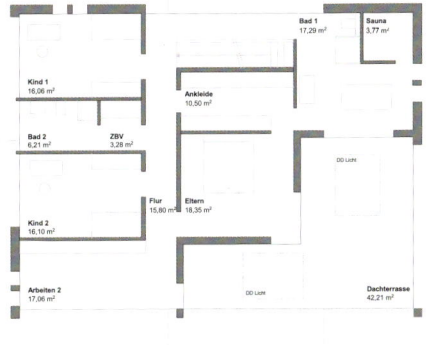

Kind 1
16,06 m²

Bad 1
17,29 m²

Sauna
3,77 m²

Ankleide
10,50 m²

Bad 2
6,21 m²

ZBV
3,28 m²

DD Licht

Flur
15,80 m²

Eltern
18,35 m²

Kind 2
16,10 m²

Arbeiten 2
17,06 m²

DD Licht

Dachterrasse
42,21 m²

Obergeschoss

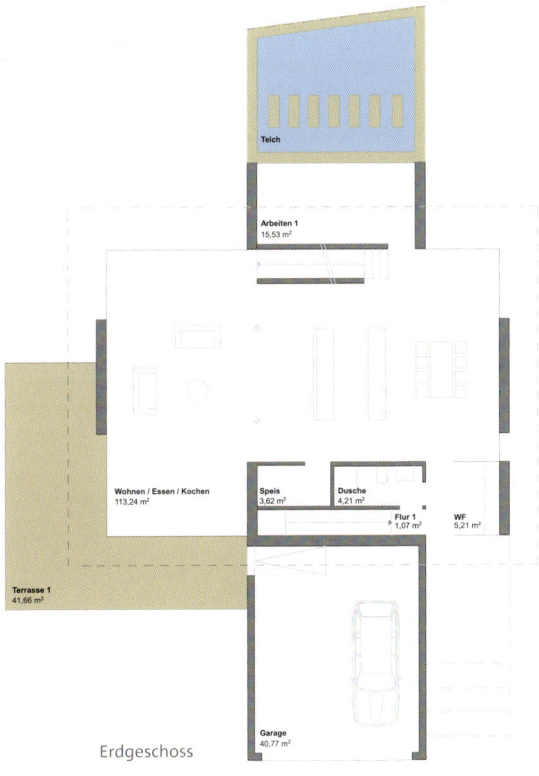

Teich

Arbeiten 1
15,53 m²

Wohnen / Essen / Kochen
113,24 m²

Speis
3,62 m²

Dusche
4,21 m²

Flur 1
1,07 m²

WF
5,21 m²

Terrasse 1
41,66 m²

Garage
40,77 m²

Erdgeschoss

Baudaten

Standort Zirndorf bei Nürnberg

Grundstücksfläche 750 m²

Wohnfläche 250 m²

Nutzfläche 100 m²

Umbauter Raum (BRI) 1500 m³

Bauweise zweischalige Sichtbetonwände mit Kerndämmung (EG), Holztafelbauweise (OG), begrüntes Flachdach

Energiekonzept Solaranlage, Schichtenspeicher für Warm- und Heizungswasser, Luft-Wärmepumpe, kontrollierte Wohnraumlüftung, Kamin mit Wassertaschen

Baukosten 550 000 €

Gesamtkosten keine Angaben

Architekten

[dp] architektur-baubiologie
dagmar pemsel
Poppenreutherstraße 24 a, 90419 Nürnberg
Tel: 0911 40 90 118, Fax: 0911 40 90 120
www.dp-ab.de

Gelebte Geschichte, große Gefühle

306 – 4 – 5: Das ist die Zauberformel, mit der man dieses ganz besondere Projekt zusammenfassen könnte. 306 Jahre alt ist das älteste Gebäude dieses Gehöfts, das nur 4 Kilometer vom Regensburger Stadtzentrum entfernt ist und trotzdem alle Vorzüge des Landlebens bietet. Und die »5« steht für die fünf Parteien, die den alten Hof heute mit neuem Leben füllen.

Bauernhofidylle mit Brunnen und Hofbaum Alte, halbverfallene Gebäude, eine riesige, heruntergekommene Scheune und ein verwaister Kuhstall: Nur der geübte Blick des Architekten konnte das große Potential des seit Jahrzehnten verlassenen Dreiseithofs in Regensburg-Unterisling erkennen. Die seit 600 Jahren bestehende Hofstätte war im Mittelalter der Zehenthof des Regensburger Klosters Heilig Kreuz und wurde im Laufe der Zeit unter wechselnden Besitzern immer weiter ausgebaut. Christian Grayer von Dömges Architekten beschloss 2007, das Wagnis einzugehen und aus dem alten Hof mit Bausubstanz aus verschiedenen Jahrhunderten eine neue, moderne Wohnstatt für mehrere Familien zu machen. Weite Felder, alte Bäume, quakende Frösche und nur wenige Minuten zu Stadtzentrum und Autobahnanschluss: die Lage, das war ihm gleich klar, ist fantastisch. Der idyllische Aubach fließt durch das im Süden angrenzende Naturschutzgebiet; ein Feuchtbiotop in Form eines Tümpels bietet Fröschen eine Heimat und dem Gehöft eine angemessen ländliche Kulisse.

Alte Gemäuer und ein zeitgemäßes Wohngefühl Grayer begann mit der Sanierung des alten bäuerlichen Wohnhauses, in das er zunächst mit Frau und zwei Kindern einzog. 2008 wurde dann die große Scheune, der »Stadl«, abgerissen, um Platz zu schaffen für ein modernes Doppelhaus, 2009 machte sich Grayer an die Instandsetzung des Kuhstalls, den er als Wohnsitz für sich und seine Familie ausgesucht hatte.

Ganze vier Jahre lang lebten sie auf einer riesigen Baustelle, konfrontiert mit immer neuen, meist völlig unvorhersehbaren Komplikationen. So stellte sich etwa, trotz vorheriger eingehender Prüfung, während des Bauens heraus, dass die Umsetzung der Planung weitaus komplizierter war als gedacht. Zusätzliche statische Maßnahmen wurden nötig, der Bauverlauf verzögerte sich, auch die Kosten waren höher als geplant.

Böhmisches Gewölbe und Designersessel   Der ehemalige Kuhstall ist heute das Schmuckstück des neuen Aubachhofs. Insgesamt 360 Quadratmeter Wohnfläche auf drei Ebenen, große, offene Räume mit interessanten Blickbezügen sowie vielfältige Öffnungen zeichnen den Wohnbereich der Familie Grayer aus (eine zweite Wohneinheit auf der Westseite des Gebäudes für eine weitere Familie wird demnächst fertiggestellt).

Im Erdgeschoss, dem eigentlichen Stall, wurde das historische Böhmische Gewölbe behutsam vom Putz befreit und die Struktur des Ziegelmauerwerks freigelegt. Der mit 160 Quadratmetern außergewöhnlich großzügige Raum wird durch die Granitstützen der Gewölbebögen sowie den gemauerten Grundofen und zwei verschiedene Bodenbeläge zoniert: Kalkterrazzo auf der Südseite, Solnhofener Platten (ein Kalkstein aus dem Altmühltal), die dem Kuhlstall entnommen und neu verlegt wurden, im hinteren

Unersetzliche Emotionen

»Es wäre billiger gewesen, alles abzureißen und neu zu bauen. Aber kein Neubau könnte jemals die Emotionen ersetzen, die in diesen alten Mauern stecken.«
Der Bauherr

Ins Dach eingeschnittene, hohe Gaubenfenster und Glasbänder öffnen den ehemaligen Heuboden. Der Kuhstall erhielt fünf große, bodengleiche Segmentbogenfenster, orientiert an der Kuppelstruktur des Böhmischen Gewölbes.

Der Charme alten Gebälks

»Der Aufwand einer Sanierung wird leicht unterschätzt, selbst als Architekt kann man dabei nie ganz sicher sein. Die Entwurfsideen und die gestaltprägenden Details in der alten Bausubstanz dieses ehemaligen Kuhstalls umzusetzen, hat eine enorme Komplexität hervorgerufen, sodass ich mir oft die Frage nach dem Sinn der großen Anstrengungen in der Planung und Umsetzung gestellt habe. Aus Sicht des Bauherren hing das Projekt mehrfach am ›seidenen Faden‹, aus Sicht des Architekten habe ich immer an die erreichbaren Qualitäten und den Charme einer Sanierung mit altem Gebälk und Gewölben geglaubt und daraus auch als Bauherr wieder Mut gefasst. Heute bin ich sehr glücklich, wenn ich sehe, dass im Wesentlichen alles so geworden ist, wie erhofft.« Der Architekt und Bauherr

Der rote Holzbalkon prägt die Ostfassade und ermöglicht den direkten Zugang ins Obergeschoss, das wegen des Gefälles auf der Nordseite ebenerdig ans Gelände anschließt. Geschickt integriert in das Spiel mit den Ebenen: Die Lounge, die auf einer Empore zwischen Bodenniveau und dem oberem Geländebereich platziert ist.

Unbeschwertes Plantschvergnügen für die Hofkinder auf der Südseite des Kuhstalls, wo früher die Odelgrube war.

Bereich. Rückseitig führt eine offene Treppe ins Obergeschoss. Die Stufen aus Eichenholz wenden sich um den geschälten Stamm einer alten Hof-Birke, die den Sanierungsarbeiten weichen musste. ❯❯ Mir war es wichtig, Originalmaterialien vom Hof im Zuge der Sanierung wiederzuverwenden. Das verbindet das ›neue‹ Gebäude mit seiner Geschichte und schafft Authentizität«, sagt der Architekt.

Die offene, in den Raum integrierte Wendeltreppe verbindet Erd- und Obergeschoss. Um den geschälten Stamm einer alten Hof-Birke, die den Sanierungsarbeiten weichen musste, wendeln sich Stufen aus Eichenholz.

Fünf fast 3 Meter hohe, bodengleiche Segmentbogenfenster öffnen den Raum nach Süden und Osten. Hier befinden sich der Arbeitsbereich des Bauherrn sowie ein Wohnbereich rund um den Kamin.

Pflugscharen zu Obstmessern! Das Obergeschoss, die ehemalige Tenne, schließt durch die Hanglage auf der Nordseite ebenerdig ans Gelände an. Wo früher Heu gelagert, Korn gedroschen und Traktoren geparkt wurden, sind heute der Koch- und Essbereich, die Kinderzimmer, das Elternschlafzimmer und ein Gästezimmer untergebracht. Hohe Gaubeneinschnitte holen Licht in die Räume, die Nordseite ist zusätzlich über ein 7 Meter langes Panoramafenster geöffnet, das der Architekt direkt in das Dach geschnitten hat. Auf einer zusätzlichen Ebene im Giebelbereich, die sich teilweise als Galerie zum darunterliegenden Geschoss öffnet und auf den Längsseiten durch lange, ins Dach eingeschnittene Fensterbänder sowie ein Giebelfenster natürliches Licht erhält, finden sich ein großzügiges, offenes Bad mit Holzzuber sowie ein weiterer Wohnbereich zum Kuscheln und Lesen, der – zurückgezogen und

Ein alter Hof mit neuer Energie
Gelebte Geschichte, große Gefühle

geschützt – eine Alternative zum sehr geräumigen, sehr offenen Wohnbereich im Erdgeschoss bildet. Der alte Dachstuhl wurde weitgehend erhalten und lediglich schadhaftes Holz ausgetauscht. Die Konstruktion des liegenden Dachstuhls aus Pfetten, Sparren, Kehlbalken und Kopfbändern hat der Bauherr/Architekt freigelegt und sichtbar gemacht, die Räume giebelhoch geöffnet. Ein Ensemble von ganz unterschiedlichen Räumen mit ganz unterschiedlichen Wohnqualitäten, die sich in einem vertikalen und horizontalen Kontinuum befinden und auf den verschiedenen Gebäudeseiten und -ebenen auch ganz unterschiedliche, am Geländeverlauf orientierte Außenbezüge herstellen.

Wo einst Kühe standen, erstreckt sich eine weite, moderne Wohnlandschaft mit rustikalem Flair, zoniert nur durch die Säulen des Böhmischen Gewölbes sowie den freistehenden Kamin.

Terrasse, Lounge und Hof statt Odelgrube und Misthaufen Die drei
Freisitze des »Kuhstalls« hat der Architekt so angelegt, dass die Familie mit der Sonne
wandern beziehungsweise ihr an heißen Sommernachmittagen entkommen kann.
Gefrühstückt wird mit der Morgensonne auf dem großen Holzdeck vor dem Essbereich auf der Nordostseite; die Terrasse auf der Südseite, zum Zentrum des Dreiseithofs hin ausgerichtet, eignet sich zum Sonnenbad am Mittag; der erhöhte Loungebe-
reich auf der Ostseite bietet nachmittags ein kühles, schattiges Plätzchen, und
abends, wenn die Sonne einmal ums Haus herumgewandert und wieder am Holzdeck
auf der Nordseite angekommen ist, wird dort gegrillt. Überhaupt spielt sich ein Groß-
teil des Lebens auf dem Gehöft draußen ab. Sämtliche Bauten sind zum gemeinsamen
großen Hofbereich ausgerichtet. In den drei Gebäuderiegeln des Dreiseithofs leben
insgesamt zehn Kinder. Die jüngste und dritte Tochter der Grayers kam als Hausgeburt
auf dem Aubachhof zur Welt und ist, wie der stolze Vater sagt, »seit Jahrzehnten die
erste echte Unterislingerin auf dem Hof«. Die große Kastanie im Zentrum des Hofs,
die in den 1950er-Jahren von den Vorbesitzern gepflanzt worden war, blieb erhalten.
Direkt unter dem alten Hofbaum, wo früher einmal der Hofbrunnen gewesen sein

Die Nordseite des Daches hat der
Architekt mit Dachfenstern, Gaubentüren
und einem großen Panoramafenster
geöffnet. Auf der Terrasse wird an Sommer-
abenden gegrillt. Da der Hof hier direkt
an freies Feld grenzt, genießt man einen
kilometerweiten, unverbauten Blick.

Wohnen wie im Freien, mit Bezug auf
den zentralen Hof: Das südliche Doppelhaus. Im Hintergrund rechts erkennt man
den Kuhstall, gegenüber befindet sich das
alte, inzwischen sanierte Bauernhaus.

Ein alter Hof mit neuer Energie
Gelebte Geschichte, große Gefühle

könnte, hat Grayer eine neue Wasserstelle angelegt und alte Futtertröge aus dem Kuhstall zu Wasserbecken umfunktioniert. Wo immer es geht, erinnert er an die bäuerliche Geschichte des Hofs. Allerdings ist es im Fall der Südterrasse wohl besser, wenn Besucher nicht wissen, dass sie auf der alten Jauchegrube sitzen und früher direkt daneben der Misthaufen war.

Von der Scheune zum Doppelhaus

Das voluminöse Scheunengebäude, das früher den Hof auf der Ostseite abschloss, hat der Architekt durch einen Riegel aus zwei Wohneinheiten mit unterschiedlichen Grundrissen ersetzt. Schlicht und zurückgenommen, und doch ganz deutlich einer zeitgemäßen Architektursprache verpflichtet, passt sich der Neubau harmonisch in das alte Hofensemble ein. An den beiden Enden des Riegels hat Grayer durch große Übereckverglasungen Akzente gesetzt – im Erdgeschoss auf der Südwestseite und – geländebedingt – im Obergeschoss auf der Nordwestseite. Der hohe Fenstereinschnitt an der Südfassade gibt den Blick frei auf das angrenzende Naturschutzgebiet. Die durch die großen Öffnungen hergestellten Bezüge zur Natur schätzen die Bewohner ganz besonders und kommen auch

schon mal ins Schwärmen: »Großzügige Räume, unendlich viel Licht und Sonne, unmittelbar neben einer wunderschönen, riesigen Trauerweide mit ihrem durch den leisesten Wind hervorgerufenen Lichtspiel und Rauschen. Und das Ganze mit einem herrlichen, unverbaubaren Ausblick und dem hautnahen Erleben einer unberührten Natur.« Die Hauseingänge liegen im Osten, die geschützte Hofseite ist Terrassen und Rasenflächen vorbehalten. Die Mehrzahl der Fenster wird durch leicht erhabene, verputzte Umrahmungen akzentuiert.

Leben wie früher: Mehrere Generationen auf einem Hof

Die südliche Doppelhaushälfte haben eine Apothekerin und ein Arzt bezogen, deren Kinder schon erwachsen sind. Im nördlichen Teil lebt eine vierköpfige junge Familie, eine Ärztin, ein Entwicklungsingenieur und ihre beiden Kinder. Im sanierten Bauernhaus hat sich eine Familie mit drei kleinen Kindern niedergelassen und in die zusätzliche Wohneinheit auf der Westseite des Kuhstalls wird ebenfalls eine Familie mit zwei Kindern einziehen. Drei Generationen auf einem Hof – das hat der Initiator bewusst so geplant.

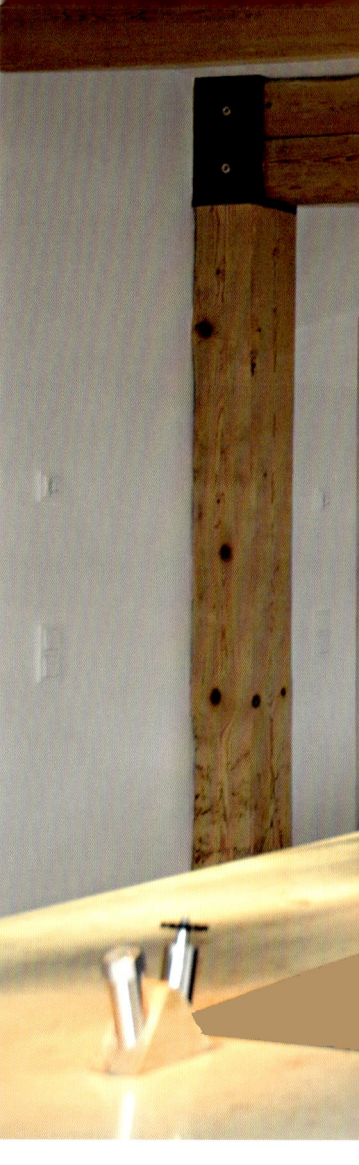

Ein alter Hof mit neuer Energie
Gelebte Geschichte, große Gefühle

Sämtliche Gebäude nehmen Bezug aufeinander: Blick auf den Kuhstall durch das große Eckfenster der nördlichen Doppelhaushälfte.

» Früher lebten auch Jung und Alt zusammen, eine gewisse Bandbreite der Altersgruppen entspricht der traditionellen Wohnstruktur und bereichert das soziale Leben auf dem Hof«, sagt Grayer. Das sehen auch die anderen Bewohner so: »Das Konzept der Hofgemeinschaft bewährt sich durch ein sehr harmonisches Zusammenleben mit den anderen Familien. Gerade für unsere Kinder bieten sich durch die vielen anderen Kinder, den großzügigen Hof und die herrliche Umgebung wunderbare Möglichkeiten zum Spielen und zum Erleben der Natur«, sagt die Ärztin.

Hier hält sich die Familie am liebsten auf: Der offene Koch- und Essbereich im Obergeschoss des Kuhstalls ist der Lebensmittelpunkt der Grayers. Die Kinderzimmer öffnen sich direkt und ohne zusätzlichen Erschließungsraum zu ihm, eine Treppe führt zu Bad und Galerie.

Kraftort mit besonderer Atmosphäre

»Es gibt einige Orte im Haus mit guten Qualitäten, doch besonders gerne halte ich mich auf der Galerie im Dachgeschoss auf. Trotz seiner Offenheit ist es ein Raum mit starker innerer Mitte, geprägt vom Weitblick durch die Lichtbänder und dem Lichtspiel des täglichen Sonnenlaufs.«
Der Bauherr

Auf der obersten Ebene des Kuhstalls, wo sich das offene Bad und die Wohngalerie befinden, ist die Dachkonstruktion klar ablesbar und prägt die Raumatmosphäre. Wie in alten Zeiten steht ein großer Holzzuber zum Bade bereit.

Global denken, regional handeln

»Die Ziele regionalen Bauens scheinen in der Diskussion um Weltklimaveränderungen fast bedeutungslos, sind in Wahrheit aber ein wichtiger Beitrag nachhaltigen Handelns. Werden regional verfügbare Baumaterialien eingesetzt, fördern diese nicht nur das sensible Erhalten oder Entstehen einer regionaltypischen Baukultur, sondern vermeiden auch Transportenergien, die sich in einer besseren Energiebilanz auswirken. Neutrale CO_2-Bilanzen und energetisch optimierte Bauwerke sind durch die Verwendung nachwachsender Baustoffe wie Holz realisierbar, das gerade in Süddeutschland eine sehr hohe regionale Verfügbarkeit aufweist. Regionales Bauen heißt aber auch, genau hinzusehen, die Qualitäten des Vorhandenen zu verstehen. Darin liegt eine große Inspirationsquelle für die Ableitung bautechnischer Lösungen und ästhetischer Aussagen in ein zeitgerechtes Bauen. Es geht nicht um das romantische, historisierende Kopieren, sondern um das sensible Übersetzen wichtiger Gebäudemerkmale, wie Proportionen, Typologien, Materialien, Fenstereinfassungen, in eine moderne Architektursprache, harmonisch oder kontrastreich kombiniert mit neuen Elementen. So schreiben wir die Geschichte einer regionalen Baukultur fort, ohne sie durch beliebige, austauschbare Gebäudeimporte ihrer Identität zu berauben.« Christian Grayer

Altes Gebälk, große Glasflächen: Historische Bausubstanz und modernes Wohngefühl finden hier im Obergeschoss des Kuhstalls zusammen.

Das Doppelhaus greift die Maße der ehemaligen Scheune auf und schließt die Westflanke des Dreiseithofs. Das markante Fenster verleiht der Fassade Spannung und öffnet das Haus zum Naturschutzgebiet.

Ein alter Hof mit neuer Energie
Gelebte Geschichte, große Gefühle

Auch das Ehepaar aus dem südlichen Teil des Doppelhauses schätzt die Nähe zur Natur und das Zusammenleben im Ensemble: »Am Projekt Aubachhof überzeugt uns vor allem, dass das Ambiente des großzügigen Hofensembles aufrecht erhalten wurde, obwohl jeder Besitzer sein Haus vollkommen individuell und persönlich gestalten konnte.« Grayer hatte die Wohnobjekte des Hofs in der Planungsphase ganz konventionell inseriert, dann aber die Interessenten in ausführlichen Gesprächen sehr sorgfältig ausgewählt. ❯❯ Es war wichtig, dass die Bewohner von der Mentalität her gut zusammenpassen. Schließlich ist das hier viel mehr als ein anonymes Immobilienprojekt und wir wollen auch in zehn Jahren noch harmonisch zusammen wohnen.«

Historische Bausubstanz und moderne Energietechnik Der sensible Umgang mit den erhaltenen Gebäudeteilen war Grayer genauso wichtig wie eine möglichst energieeffiziente und ökologisch sinnvolle Sanierung sowie ein hoher energetischer Anspruch beim Neubau. Für sämtliche Baumaßnahmen wurden fast ausschließlich ökologische, regionaltypische, nachhaltige Baustoffe verwendet (zum Beispiel

Einfach nur genießen
»Auch heute noch erscheint es mir manchmal unglaublich, dass wir hier wohnen. Der Raumeindruck ist vielfältig und großzügig: offene Räume, viele Fenster und weite Ausblicke in die umgebende Natur. Mein Lieblingsplatz ist auf dem breiten Rahmen am Panoramafenster (nach Osten), das immer aussieht wie ein riesiges, gerahmtes Landschaftsbild. Nach Norden schweift der Blick dank der großen Dachausschnitte frei über die weiten Felder. Manchmal stehe ich hier einfach nur, halte kurz inne und spüre wie Innen und Außen miteinander verschmelzen.« Die Bauherrin

»Es war die richtige Entscheidung«

»Wir haben das Projekt mit großen Erwartungen gestartet. Erlebten dann in der Planungs- und Bauphase den wohl üblichen Wechsel zwischen Begeisterung über das Entstehen des Hauses einerseits und der Ernüchterung bezüglich Zeit und Kosten andererseits. Um dann fasziniert und gespannt das aus vielen Einzelentscheidungen entstandene Endprodukt zu beziehen. Während der Wintermonate haben wir unser neues Zuhause in erster Linie aufgrund des Wohnklimas und des Raumgefühls zu schätzen gelernt.

Seit dem Frühling zeigt sich uns aber der (fast noch) größere Gewinn, nämlich die faszinierende Lage, stadtnah und trotzdem in einer ›ländlichen‹ Umgebung.«

Die Bewohner des hinteren Doppelhauses

unbehandeltes, Mondphasen-geschlagenes Vollholz aus dem Bayerischen Wald und regionaler Naturstein), die Arbeiten wurden von Handwerksbetrieben aus der Region ausgeführt. Auf Kleber, Bauschäume, Folien und andere Kunststoffe wurde weitgehend verzichtet. Alle Gebäude erreichen den KfW 40-Standard und werden unter Verzicht auf fossile Brennstoffe ausschließlich mit regenerativer Energie versorgt. Die Temperatur der aus der Erde gewonnenen Wärme (Erdkollektoren) wird durch die von der Sonne gewonnene Wärme (Solarkollektoren) angehoben, bevor sie durch eine Wärmepumpe noch weiter aufgeheizt wird. Die Positionierung der Solarkollektoren auf dem Süddach des Kuhstalls erfolgte in Anlehnung an Form und Größe der Dachfensterausschnitte, sodass sie – wie sonst so oft bei Kollektoren und Photovoltaikmodulen der Fall – das Gesamtbild kaum stören. Gute Dämmung und Dreifachverglasungen sorgen für geringe Wärmeverluste. Aber nicht nur die Energieeffizienz des Projekts ist beispielhaft. Auch der Erhalt der Bestandsbauten sowie die zentrumsnahe Nachverdichtung (keine Neuversiegelung von Bodenflächen, kurze Wege zu Arbeitsplatz, Schule und Einkaufsmöglichkeiten) tragen zur Nachhaltigkeit bei.

Treff auf der Südterrasse des Kuhstalls: Die Hofgemeinschaft funktioniert. Der Aubachhof ist viel mehr als nur ein gemeinsames Bauprojekt.

Rechts oben: Die Familie Grayer, Architekt und BauherrInnen

Ein alter Hof mit neuer Energie
Gelebte Geschichte, große Gefühle

Dachgeschoss

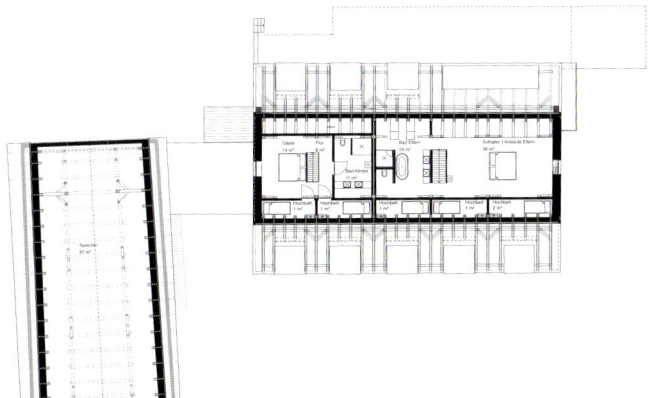

Obergeschoss

Erdgeschoss

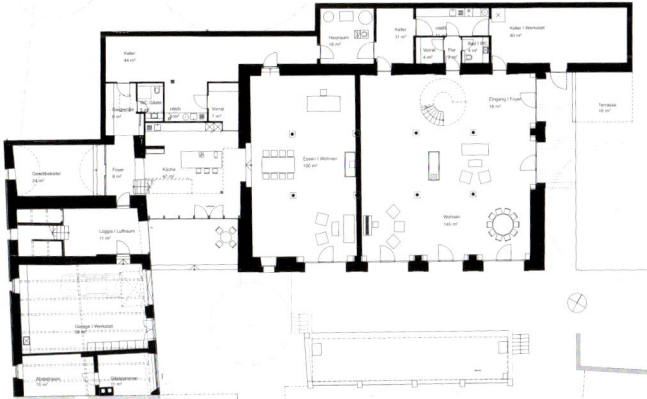

Baudaten, ehemaliger Kuhstall

Standort Regensburg-Unterisling

Grundstücksfläche 2600 m³

Wohnfläche 390 m²

Nutzfläche 450 m³

Umbauter Raum (BRI) 2130 m³

Bauweise historische Bruchsteinwände, Ausbau in Massivbauweise (EG); historischer Dachstuhl, Ausbau in Holzbauweise (OG und DG); verputzter Vollwärmeschutz aus Holzfaserplatten, Ziegeldach, Dreischeibenverglasungen, Massivholzböden

Energiekonzept Holz-Grundofen, solarunterstützte Gastherme mit 2000 l Pufferspeicher, Niedertemperaturbetrieb, solare Brauchwasser-Erwärmung mit Frischwassermodul, Fußbodenheizung, hoch gedämmte Hüllflächen

Baukosten keine Angaben

Gesamtkosten keine Angaben

Besonderheiten Erhalt des Dreiseithofs, Sanierung historischer Bausubstanz, energetisch und baubiologisch optimiert. Die Baudaten des Doppelhauses können beim Architekten erfragt werden.

Architekten

Dömges Architekten AG
Dipl.-Ing. Architekt Christian Grayer
Boelckestraße 38, 93051 Regensburg
Tel: 0941 99 206-0, Fax: 0941 99 206-66
www.doemges.ag

»Die Architektur mit ihrer klaren, geradlinigen Form drückt unser Lebensgefühl aus. Ohne übertriebene Gestaltung wurde ein sehr modernes Haus geschaffen, das sich klar abhebt, aber trotzdem kein Fremdkörper in der Umgebung ist. Am besten gefällt mir, dass das Haus Ästhetik und Energieeffizienz miteinander verbindet«, so der Bauherr dieses Traumhauses in Marktrodach/Oberfranken.

Im Einklang mit der Natur »Es war ein langer gemeinsamer Entwicklungsprozess«, sagen die Architekten Stephan Häublein und Johannes Müller von H²M Architekten aus Kulmbach. »Die Bauherren haben sich einen klaren, eigenständigen Baukörper vorgestellt, der sich in die Umgebung einordnet und gleichzeitig Bezug zum umgebenden Naturraum aufnimmt. Zudem waren Energieeffizienz und Nachhaltigkeit zentrale Themen.« Der Bauherr, als Maschinenbauingenieur in technischen Fragen so versiert wie anspruchsvoll, hatte hohe Erwartungen an Leistungsfähigkeit und Energiesparpotential der Haustechnik. Da das Grundstück am Ortsrand liegt, mit freiem, unverbautem Blick über Wiesen, Felder und die Wälder des Frankenwalds, war es der jungen Familie mit zwei Töchtern wichtig, dass die Architektur dies maßgeblich berücksichtigt.

Geöffnet zur Sonne Die Architekten entwarfen einen zweigeschossigen Riegel mit nur leicht geneigtem Satteldach und zwei eingeschossigen Flügeln: An der Nordwestseite schließt sich die Doppelgarage mit Flachdach an, auf der Südostseite erweitert sich der Riegel um circa 30 Quadratmeter und schafft zusätzlichen Raum für den Essbereich sowie für einen auf drei Seiten geschlossenen Freisitz. Auf der Oberseite dieses Gebäudevorsprungs befindet sich eine großzügige Dachterrasse mit 23 Quadratmetern Fläche. Der Grundriss des Erdgeschosses besteht sozusagen aus

zwei diametral aneinander gelegten »L«s und logischerweise nutzten die Architekten die geschützten Außenräume in den beiden Winkeln für Eingangsbereich und Zufahrt auf der Nordost- beziehungsweise einen Freisitz mit Holzdeck auf der Südwestseite. Ebenfalls schlüssig, da an der gebauten und natürlichen Umgebung sowie den Himmelsrichtungen orientiert, platzierten sie an Nord- und Ostseite, zu Straße und Nachbarhäusern, nur wenige Fenster und öffneten das Haus großzügig nach Süden und Westen, zur Sonne, zum Landschaftspanorama – und zur Freude der Bauherren: **》** Der offene Grundriss nach Süden und die lichtdurchfluteten Räume lassen ein Leben mit und in der Natur zu«, urteilen sie zufrieden.

Ein Familienhaus mit Wohnqualität   Auch die klare, reduzierte Form des Baukörpers ohne Dachüberstände und außenliegende Dachrinnen und Fallrohre sowie das Raumprogramm spiegeln Geschmack und Wohnbedürfnisse der Bewohner wider: »Die bestimmenden Faktoren wie die Dachform und die Art der Bauweise lassen den gewollten Purismus klar erkennen«, findet der Bauherr. Ihm gefallen besonders die unterschiedlich differenzierten Räume, vom offenen Wohnbereich bis zum vor Einblicken geschützten Freisitz. »Die Wohnräume wurden konsequent nach Süden und Westen angeordnet«, erklären die Architekten die Grundrissaufteilung, »im Norden und Osten liegen die Nebenräume.«

Die Bauherrin schätzt vor allem das offene, großzügige und helle Erdgeschoss mit seinen großen, raumhohen Glasflächen, in dem Küche, Ess- und Wohnraum auf ins-

Nur drei unregelmäßig gesetzte Fensterbänder öffnen die Ostfassade. Ansonsten gibt sich das Haus zu Straße und Nachbargebäuden hin verschlossen.

Umso offener ist die Südwestseite mit Vollverglasung im Erdgeschoss und einem großen Fensterband mit Glastüren zur Dachterrasse im Obergeschoss, die den unbeschränkten Ausblick auf die freie Landschaft ermöglichen.

Ein Ökohaus mit Anspruch
Wohnlich und hocheffizient

gesamt fast 70 Quadratmetern ineinander übergehen und somit viel Platz für gemütliche Stunden mit Familie und Freunden schaffen. **》 Trotz des modernen Baustils«**, findet sie, »wurde kein Kompromiss bezüglich der Bewohnbarkeit gemacht. Das Haus ist voll und ganz ein Familienhaus geworden.«

Erde, Sonne, Wasser, Luft Mit einem Jahresprimärenergiebedarf von 35 kWh/(m²a) liegt dieses Haus unter dem Passivhausstandard. Das durchdachte Energiekonzept verbindet unterschiedliche Techniken und verschiedene Ressourcen erneuerbarer Energien zu einem ökologisch wertvollen und nachhaltigen Gesamtsystem: Durch Geothermie in Form von Flächenkollektoren und einer Sole-Wasser-Wärmepumpe wird Energie aus der Erde gewonnen. Der kompakte Baukörper selbst ist von einer hoch gedämmten Hülle aus natürlichen Dämmstoffen umgeben, das Garagendach ist begrünt und dadurch zusätzlich gedämmt, die kontrollierte Wohnraumlüftung mit Wärmerückgewinnung sorgt dafür, dass nur energiesparend vorgewärmte Frischluft ins Haus gelangt. Für Dach, Ausbau und Terrassen wurden ausschließlich heimische Hölzer verwendet. Die Sonnenenergie wird gleich auf dreifache Weise genutzt: durch die solaren Erträge, die aufgrund der großen Süd-West-Öffnungen möglich sind, durch Vakuum-Röhrenkollektoren auf dem Dach, mit deren Hilfe

Energie aus der Sonne: Vakuum-Röhrenkollektoren
Sie sind eine von vielen Arten von Sonnenkollektoren und werden, wie die üblicheren Flachkollektoren, bei Einfamilienhäusern fast immer auf das Dach montiert: Vakuum-Röhrenkollektoren. Sie funktionieren ähnlich wie eine Thermoskanne, indem sie durch ein Vakuum Dämmschutz erzeugen. So kann die gesammelte Energie mithilfe einer Trägerflüssigkeit (meistens Wasser) verlustfrei ins Haus geleitet werden. Im Gegensatz zu Photovoltaikanlagen, die Sonnenenergie in Strom umwandeln, nutzen sie ganz unmittelbar die Wärmeenergie der Sonne zur Brauch- und Heizwasserunterstützung.

Mittelpunkt des Familienlebens: Der weitläufige Koch-, Ess- und Wohnbereich mit freistehendem Kamin und großen Glasflächen

Rechts oben: Die Bauherren mit den Architekten Stephan Häublein und Johannes Müller (Mitte) und die Bauherrenfamilie

Heiz- und Brauchwasser erwärmt wird, sowie durch eine Photovoltaik-Anlage (die zurzeit noch nicht montiert ist). WC-Spülungen und Waschmaschine schließlich werden über eine Zisterne mit Regenwasser gespeist und selbst der Hof ist umweltfreundlich: Um die neu versiegelte Fläche zu minimieren, ist der gesamte Außenbereich versickerungsfähig.

Ein Ökohaus mit Anspruch
Wohnlich und hocheffizient

Ein Modell für die Zukunft Die klassisch-moderne Architektur dieses Traumhauses lässt auf den ersten Blick eher kein Öko-Haus vermuten. Tatsächlich jedoch handelt es sich hier um ein hoch energieeffizientes und umweltfreundliches Gebäude, das energetisch fast vollständig autark ist. Auch wenn die Bauform »Einfamilienhaus« per se durch ihren hohen Flächenverbrauch ökologisch gesehen nicht ideal ist, ist dieses Haus wegweisend. Für alle, die nicht auf ihr individuelles, freistehendes Einfamilien-Traumhaus verzichten und trotzdem umweltfreundlich bauen wollen, ist es auf jeden Fall ein Vorbild.

Baudaten

Standort Marktrodach/Oberfranken
Grundstücksfläche 1190 m²
Wohnfläche 208 m²
Nutzfläche 91 m²
Umbauter Raum (BRI) 1418 m³
Bauweise Massivbau (Ziegelmauerwerk mit Wärmedämmverbundsystem)
Energiekonzept Heizungs- und Lüftungstechnik, Sole-Wasser-Wärmepumpe, Solarthermie für Brauchwasser, kontrollierte Wohnraumlüftung, Niedertemperatur-Heizung, Kamin, Photovoltaik, passive Energiegewinne, Ausrichtung des Gebäudes, Gebäudehülle, Verglasung nach Süden, Zisterne für Regenwassernutzung
Baukosten 390 000 € inkl. MwSt.
Gesamtkosten 420 000 € inkl. MwSt.
Besonderheiten Entwurfskonzept: Zur Straße der steinerne Eingangshof, zum Naturraum und zur Sonne hin der grüne Gartenhof

Architekten

H²M Architekten + Stadtplaner GmbH
Achitekt Stephan Häublein BDA
Architekt Johannes Müller BDA
Stadtsteinacher Weg 28, 95326 Kulmbach
Tel: 09221 605 77 92, Fax: 09221 605 79 34
www.h2m-architekten.de

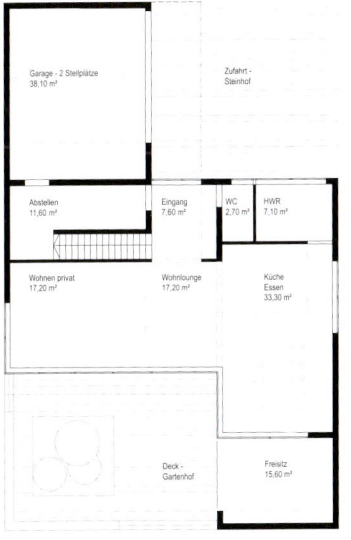

Erdgeschoss

Obergeschoss

Bildnachweis

Alle Fotos stammen von Sabine Reeh,

mit den folgenden Ausnahmen:

Andreas Ammer: S. 5 unten, S. 82 oben

Michael Appel: S. 4 Mitte, S. 27 unten

Andy Brunner: S. 99–104

Edith Buchner: S. 7, 9

Birgit Eckelt: S. 74 oben, 75

Fußner + Kühne Architekten: S. 97

Christian Grayer: S. 108, 109 links, 111, 114, 115, 119

Mila Hacke: S. 26

Hubertus Hamm: S. 12 rechts, S. 14 unten

Frieder Käsmann: S. 127 links

Johannes Kottjé: S. 123–126, 127 rechts

Barbara Maurer: S. 47–53, 54 unten, 55–58

Helgo von Meier: S. 54 oben

Birgit Rätsch: S. 20 oben, 21

Susanne Röthenbacher: S. 27 oben

Markus Weber: S. 4 unten, 5 oben und Mitte, 35–42,
43 oben, 44 oben, unten

Eva Wollschläger: S. 45

Michael Voit: S. 61, 70, 71, 74 unten

Impressum

Mix
Produktgruppe aus vorbildlich
bewirtschafteten Wäldern, kontrollierten
Herkünften und Recyclingholz oder -fasern
www.fsc.org Zert.-Nr. GFA-COC-001575
© 1996 Forest Stewardship Council
FSC

Verlagsgruppe Random House FSC-DEU-0100

Das für dieses Buch verwendete FSC-zertifizierte

Papier Profisilk, hergestellt von Sappi, Alfeld,

liefert IGEPAgroup.

1. Auflage

Copyright © 2010

Deutsche Verlags-Anstalt, München,

in der Verlagsgruppe Random House GmbH

Alle Rechte vorbehalten

Umschlaggestaltung: SOFAROBOTNIK GBR,
Augsburg & München

Layout und Satz: Michael Hempel, München

Lithografie: ReproLine mediateam, München

Druck und Bindung: Offizin Andersen Nexö Leipzig

Printed in Germany

ISBN 978-3-421-03818-0

www.dva.de